# 心灵的力量

万虹 主编

吉林出版集团有限责任公司

**图书在版编目（CIP）数据**

心灵的力量 / 万虹主编 .—长春：吉林出版集团有限责任公司，2011.9

（心之语系列）

ISBN 978-7-5463-5783-6

Ⅰ.①心… Ⅱ.①万… Ⅲ.①成功心理-少年读物 Ⅳ.①B848.4-49

中国版本图书馆 CIP 数据核字（2011）第 128969 号

## 心灵的力量

| | |
|---|---|
| 作　　者 | 万　虹　主编 |
| 责任编辑 | 孟迎红 |
| 责任校对 | 赵　霞 |
| 开　　本 | 710mm×1000mm　1/16 |
| 字　　数 | 250 千字 |
| 印　　张 | 15 |
| 印　　数 | 1-5000 册 |
| 版　　次 | 2011 年 9 月第 1 版 |
| 印　　次 | 2018 年 2 月第 1 版第 2 次印刷 |
| 出　　版 | 吉林出版集团股份有限公司 |
| 发　　行 | 吉林音像出版社有限责任公司 |
| | 吉林北方卡通漫画有限责任公司 |
| 地　　址 | 长春市泰来街 1825 号 |
| | 邮　编：130062 |
| 电　　话 | 总编办：0431-86012906 |
| | 发行科：0431-86012770 |
| 印　　刷 | 北京龙跃印务有限公司 |

ISBN 978-7-5463-5783-6　　　　定价：39.80 元

# 代　序

　　心灵是需要细腻的呵护，需要温和的滋润，应该让快乐走进我们的心灵，让快乐成为我们生活中一道亮丽的风景线！

　　生活本是我们营造的，如果我们积极去做生活中任何一件事情，就会感到快乐，如果我们不积极去做就会变得不快乐，会觉得事事不如意，所以我们应该要去体验生活，享受生活，心灵就会变得和谐美好！每当我们努力工作，尽心付出后得到了社会的认可时，我们会很兴慰；每当为朋友付出，看到朋友感激的目光时，你会很快乐，每当为家人付出看到家人幸福的眼神时，我们自己也会很幸福，这样我们虽然付出了，但得到了快乐！你付出时，你得到了用金钱无买到的快乐，所以很值得的。

　　我们的生活也是如此，生活酸甜苦辣样样具全，但只要曾经一同走过，也许会有伤心的泪水，也许会有烦恼的困扰；也许会有喜悦的笑声，这一点一滴都是快乐，即使快乐，伤心，哭过，笑过无论怎样都好，但那些曾经的回忆，依旧荡漾在我们的心目中，因为那永远的快乐走进了我们的心灵里，已经深深的刻在我们生命的旅途中，只要我们能积极去做，那我们的快乐就在前面。因为你的付出你也得到了很大收获，不管是苦还是甜，都值得我去回味、体验和尝试。

　　让快乐走进我们的心灵，对我们来说是人生中最珍贵的收获和充满美好的回忆！

1

# 目　录

如果说世界是一幅风景，爱心便是一束鲜花。没有鲜花，风景就不会绚丽；没有爱心，世界就容易成为荒凉的土地。诚如梵高所说："爱之花开放的地方，生命便能欣欣向荣。"

爱是一种语言，可以教给你光明和理想；爱是一盏明灯，足以照亮你前进的方向；爱是一泓碧波，可以洗涤你心灵的尘埃。

亲情是什么？是一瞬间内心的触动，但又往往是彻底的改变，是一种能改变十个月期望的力量，一种能忘却使命的神奇，是一种渴望平安的永恒。亲情是什么？它让我们永远有依靠的对象，有倾诉烦恼的伙伴。我们抹不去它在我们身体里的永远，它只属于我们每一个人。

　　人生有快乐，也有烦恼。不同的是有的人快乐多于烦恼，有的人烦恼多于快乐。快乐的人不是没有烦恼，而是善于排除烦恼，让自己尽可能保持乐观快乐的心情。所以说，快乐是可以自己掌控的。

　　诗人胡德曾经说过这样一句话："即使到了我生命的最后一天，我都要像太阳一样，总是面对着事物光明的一面。"一语道破天机。一个人是否快乐不取决于外物，而缘于你自己。你对自己的态度，恰恰就决定了你是否快乐。所以，抛弃悲观消极的情绪，积极乐观一些。大胆地做快乐的主人吧！

　　人生在世，不可能一帆风顺，种种失败、无奈都需要我们勇敢地面对、旷达地处理。这时，是一味埋怨生活，从此变得消沉、萎靡不振？还是对生活满怀感恩，跌倒了再勇敢地爬起来？英国作家萨克雷说："生活就是一面镜子，你笑，它也笑；你哭，它也哭。"你感恩生活，生活将赐予你灿烂的阳光；你不感恩，只知一味地怨天尤人，最终可能一无所有！

　　古罗马人有两座圣殿，一座是美德的圣殿，一座是荣誉的圣殿。他们在安排座位时有一个顺序，即必须经过前者的座位，才能达到后者——前者是通往后者的必经之路。

　　让我们记住这句话：播种行为，收获习惯；播种习惯，收获性格；播种性格，收获命运。重视品性修炼、愿意为塑造自己品性而努力的人，事业和人生都会给他意想不到的加倍回报。

"世上无难事，只怕有心人。"人的一生要经历千百样事，有很多的事都是我们自己始料未及的。或许上天在某个时间给了你比别人还要多的困难与挫折，那么不要认为上天对你不公平，在很多时候，这正是它在考验和磨练你，在让你更快地成熟、让你更加坚强地去面对一切。

每个人都希望自己成为生活的强者，但通往强者的路上不会是一帆风顺的，可能随时随地都有一堆困难在等待着你。面对种种挫折与困境，要有将自己的梦想坚持到底的决心。往往最艰难的时刻，便是成功向你招手的时刻。这时候，失去自信，盲目地羡慕别人、模仿别人，你就只能听从命运的摆布。只要坚持通过这段艰难的岁月，突破瓶颈，就能达到新的高峰，奇迹就会在你身边绽放光彩，成功会献给你缤纷的彩虹。

# 第一辑　人世间最美的花朵

如果说世界是一幅风景，爱心便是一束鲜花。没有鲜花，风景就不会绚丽；没有爱心，世界就容易成为荒凉的土地。诚如梵高所说："爱之花开放的地方，生命便能欣欣向荣。"

爱是一种语言，可以教给你光明和理想；爱是一盏明灯，足以照亮你前进的方向；爱是一泓碧波，可以洗涤你心灵的尘埃。

# 别了，马利奥！

> 珍惜友情，给友情以智慧，给友情以真诚. 世界会变得美丽无比，生活会变得有滋有味！

几年前 12 月份的某一天，一艘轮船从英国利物浦港启航，向地中海马耳他岛驶去。船上共有 200 人，其中船员 70 人，船长和大部分船员都是英国人。旅客当中有几个意大利人，三个绅士，一个神父，一个乐手。启程时天气很不好。

三等客当中，有一个 12 岁的意大利少年。以他的年龄来说，身材虽然矮小些，却长得很结实。他脸色棕黄，波浪形的黑发披在肩上，是个西西里脸型的坚强勇敢的美少年。他穿一件粗布衣服，披着有补丁的斗篷，腰间系着一个皮袋，身旁放着一个破旧的提包，独自坐在桅杆旁卷着的缆绳上，忧悒地望着周围来往的旅客和水手，望着海上的船只和汹涌的海浪。好像他家里新近遭受了什么变故似的，脸型还是少年，而表情却像个成年人了。

轮船出港不一会，一个头发花白的意大利籍水手，陪着一个女孩来到这西西里少年旁边，向他说："马利奥，让她给你做个伴吧！"说完就匆匆走开了。女孩在少年对面缆绳上坐下，彼此面对面地看着对方。

"你到哪里去？"少年问。

"到马耳他，再到那不勒斯去，我父母在那里等我。我叫朱莉塔？法嘉妮！"

他从皮袋里拿出面包和干果来吃，女孩也拿出饼干来吃。

刚才来过的意大利水手慌忙地跑去，一边指着远方向他们说："注意啦，危险的时刻就要到来了！"

风势渐渐加大，船身摇摆着向前驶去。他们并不晕船，仍在那里谈着。朱莉塔的年龄和马利奥差不多，却长得比他高，脸色棕黄，身材窈窕，显得有点瘦，短短的卷发上包着红头巾，戴着银耳环，穿着朴素。

　　两人一面吃，一面互谈身世。男孩没有父母。父亲原在利物浦做技工，几天前死去了。孤儿受意大利领事照顾，买了船票，送他回故乡巴勒莫的远房亲戚家去。女孩因为家里贫穷，两年前被送到伦敦，寄养在寡居有病的婶母家里，婶母很爱她。她父母私下里希望婶母亡故以后，分给她一些遗产。几个月前，婶母被马车撞伤，不治身死，没有留下分文遗产。于是，她又请求意大利领事送她回家。他们两人都是托那位意大利水手照料的。

　　朱莉塔说：“因此，我的父母还以为我能带些钱回去呢。其实，一个钱也没有。不过，父母和弟妹们还是爱我的。我有四个弟弟，都还小，在家里我是老大，每天照料他们，我回去他们一定很高兴的——呀！风浪好大呀！”

　　又问男孩子：“你回去就住在亲戚家吗？”

　　“是的，只要他们愿意收留我。”

　　“他们待你怎样？”

　　“现在还不好说呢！”

　　“我到圣诞节就满 13 岁了。”

　　他们就这样坐在一起，整天有一搭没一搭地谈着海呀，船上的旅客呀，等等。女孩子编着袜子，男孩子则沉思着，旁人看来还以为他们是姐弟呢。

　　这时天色已晚，海浪更凶猛了。他们回舱睡觉的时候，朱莉塔对马利奥说：“晚安！祝你好梦！”

　　“谁都得不到好梦了哩！我的孩子！”船长去叫意大利水手，恰好经过这里，便对他们说。

　　马利奥正想向朱莉塔回答“晚安”的时候，忽然一个大浪猛袭过来，把他掀倒在甲板上。

　　朱莉塔慌忙跑过来叫道：“唉呀！你额上出了血呢！”

　　旅客们只顾自己回舱躲避，顾不得他们。朱莉塔跪伏在马利奥身边，替他拭去额上的血，又解下自己的头巾，替他包上。打结时，把他的头紧紧抱在自己胸前，她黄色的上衣也染了血迹。马利奥摇晃着站起来。

　　"好些了吗？"朱莉塔问。

　　"好多了！"马利奥回答。

　　"请安睡吧！"

　　"晚安！"

　　两人回到各自的双层舱位去。

　　水手的预言不幸言中了。才躺下一会，一阵可怕的台风夹着大浪，势如奔马地猛袭过来，一根大桅轰然折断，挂在滑车上的三只救生艇随风飘去，船尾四头水牛也像几片树叶似的被大浪冲下海去，无影无踪。船上的人有的发出恐惧的呼喊，有的在向天祈祷，一片喧闹声和哭声在暴风雨的呼啸中升腾起来。

　　暴风雨猖狂了一整夜，拂晓时越来越厉害，如山的巨浪从横向打过来，把甲板上的器物都卷到大海里去了。轮机房的挡板被冲破了，海水怒吼着灌进来，炉里的火被浇熄，轮机工也离开了，船没有了动力，在海上漂流。这时船长大声命令船员："快摇水泵排水！"

　　船员们正要冲到水泵房去，忽然又一个狂浪从船尾打过来，把舱板、舱口统统打破，海水哗哗地从破洞涌入。

　　旅客们知道形势已危在旦夕，纷纷到大厅里躲避。船长出来了。

　　"船长，怎么办？现在情况怎样？还有希望吗？快想办法救我们吧！"

　　船长冷静地说："听天由命吧！"

　　"我的天哪！"一个女子望着黑云密布、暴风骤雨的天空，祈祷上帝。

　　全船的人面如土色，一言不发，整个好像一座坟墓。大海继续怒吼，船身已经倾斜。船长下令试放一只救生艇下去，五个水手下去了，谁知一个大浪就把小艇吞没了，五个水手失踪了两个，那个意大利籍水手也在内。其余三个冒死沿着绳梯爬上来。

　　所有的水手都绝望了。船已沉到舱边的圆窗，甲板上出现一幕十分恐怖的景象。母亲们把孩子紧抱在胸前，流着绝望的眼泪；朋友们拥抱着互相道别；有些人因为不忍看这种惨状。掩面回到舱里等待下沉；有一个旅客竟用手枪自杀，应声倒下；许多人疯了似的抱在一起，痉挛着打滚。人们发出小孩那样的尖锐奇怪的哀叫，有的则像石像一样呆立着，眼睛茫然无神，好像已经死了疯了。朱莉塔和马利奥抱着桅杆，瞭望着远处，看是否有大船可以搭救他们。这时，风浪虽然稍为减弱，可是船身眼看就要沉没，只有几分钟的时间了。

"把那条救生艇放下去！"船长下达最后的命令。

唯一的救生艇下水了。14个水手和三个旅客下到艇上。水手们在下面喊："船长！快下来！"

"我要与船共存亡！"船长回答、

"也许能遇到别的船救我们呢！快下来吧，再迟就赶不上了！"水手们一再叫唤。

"我要留下！"

于是，水手们便向别的旅客说："还可以坐一个人，一个女的！"

船长扶着一个妇女过来。可是，救生艇离船太远，她不敢跳下去，瘫倒在甲板上。别的妇女也不敢跳。

"那就送个小孩过来！"水手喊。

原来紧紧抱着桅杆、化石般地发呆的西西里少年和他的同伴，听到这叫声，都跑过来，齐声叫道："载我！"但马上又转过身来推另一个的背，好像发怒的野兽。

"要小的，我们已经超载了！要小的！"水手在下面喊。

朱莉塔听了，好像触电似的停下，失神地望着马利奥。马利奥也望了她一下，看见她紧身胸衣上的血迹———一想起了———，他脸上闪出一道圣洁的光辉。

"要小的！"水手不耐烦地再一次喊着，"我们要离开了！"

马利奥用几乎不像是他自己的声音叫道："她比我轻！应该是你，朱莉塔！你有父母，而我只是个孤儿！我让你，去吧！"

"把那女孩抛下来！"水手喊，马利奥一把抱了朱莉塔，抛到海里。

那女孩"呀"地叫了一声，便落到水里，一个水手把她拉上艇去。

马利奥站在船边，昂起头，海风吹乱了他的卷发，他岿然不动，镇定、崇高。

救生艇迅速地驶开，以免陷入轮船下沉时的漩涡而颠覆。

女孩从迷惘中醒过来，抬起眼睛望着马利奥，泪水泉涌，张开双臂向马利奥高呼："别了！马利奥！别了！别了！"

"别了！"马利奥扬起手向朱莉塔告别。

救生艇在黑云密布的天空下，迅速随波飘去，轮船上再也没有一个人叫喊了。海水已淹没到甲板边缘。

马利奥朝着救生艇的方向突然跪下，合掌望天祈祷！

女孩用手遮着脸。当她抬起头来再望一眼大海时，轮船已经不见了。

（佚名）

# 提灯女郎

助人为乐，尽自己做能去帮助那些需要帮助的人，只有高尚品格才能获得别人的尊敬。

19 世纪中叶，奉行侵略扩张国策的沙皇俄国，向黑海附近和东欧不断进犯。俄国的扩张行为威胁到了欧洲几个大国的利益，为了抗击俄国的侵犯它们联合在一起，由此爆发了历史上有名的克里米亚战争。就在人民在战争的苦难中挣扎时医疗护理这个高尚的职业诞生了。一位名叫南丁格尔的英国妇女便是这项工作的创始人。

出生在一个富裕家庭的南丁格尔从小就受到善良的父母的熏陶，立志毕生都要为穷人、病人服务。她的父母都不能相信长大后的南丁格尔要学辛苦而又低贱的护理专业。有钱人家的孩子常常去医院都会被认为是很不光彩的，更不要说当护士了。想要做善事的有钱人家，只要捐一些钱给福利机构就行了，根本无法想象自己去当护士。南丁格尔的要求遭到了父母的坚决反对，但这并不能使她放弃。她刻苦钻研医学书籍，请教那些有医学知识的人。最后她的坚决使父母妥协了，把她送到了德国的一所教会办的学校去学习护理。在学校勤奋学习的南丁格尔很快就掌握了许多护理知识。毕业之后，她在一所医院里担任了护士长。

克里米亚战争于1853年爆发之时，已经33岁的南丁格尔每天都在报纸上关注前方的消息。那些关于战地缺乏医疗护理、伤病员大量死亡的报道使南丁格尔感到非常痛苦和焦虑。有一个大胆的决定渐渐地在她心中形成了。

一天，南丁格尔对医院的院长说："我想带着几个人去前线对伤员进行护理。"这个想法使院长大吃一惊。在当时女人是不允许上战场的，更不要说到条件恶劣的野战医院去工作了，对此院长绝不同意！可南丁格尔很坚决，她说："我已经下定了决心，请您答应我吧！没有比这个更好的办法了，许多士兵的生命都将因此被挽救回来。"但是保守的院长眉头紧皱，说什么也不同意。

沮丧的南丁格尔无可奈何地回到了家里，她始终闷闷不乐。知道了她的想法之后，她的父母很为她担心。费尽周折之后，他们终于找到陆军大臣，经过父母的恳求，南丁格尔终于能够到前线去了。过了几天，由修女组成的38人的医疗护理队在南丁格尔的带领下奔赴前线。

惨不忍睹的战争景象让她们无比震惊，同时她们工作的热情也被激发了出来。伤兵在野战医院里随处可见，有断了手脚的、患了痢疾的等等。老鼠和臭虫在病人身边乱窜，污腥的血迹布满发黑的床单。在臭烘烘的屋子里，每个人的脸上都充满了绝望。刚刚来到这里，南丁格尔一行人就立刻开始打扫卫生，清理污物。一开始，医院的医生们对这一群白衣女子很不习惯，总是对她们处处刁难。但是南丁格尔和她的队员对此毫不在意，她们全心全意地投入到工作之中。虽然随时有被传染上疾病的危险，可她们却日以继夜地工作着，每天都长达20个小时地工作着，承担着几倍于平时的工作量。拆洗床单和病人的衣服，置买日常用

品，煮营养食物等等工作，她们都毫不犹豫地承担了起来。在她们的努力下，整个野战医院很快就变得焕然一新。南丁格尔和她的队员们被深受感动的伤员们称之为"白衣天使"。通过她们有效的工作，伤员们的死亡率由原来的42%迅速下降到2%。这使国内那些自以为是的绅士们在读完南方来的报道之后，再也不对南丁格尔她们的行为指指点点、不以为然了，而是对她们产生了一种敬佩之情。

南丁格尔在伤员身上投入了自己的全部精力，她发现有些伤员没有什么精神寄托，认为这种病是任何药物都不能治愈的。经过几天的思考，她开始动员大家在医院附近开办一些娱乐场所，比如咖啡室、阅览室、游艺场等等，使伤员们可以在这里感受到家的舒适。南丁格尔成了伤员们最知心的人。

一天深夜，像往常一样南丁格尔提着马灯对病房进行巡视，突然听到一个没睡着的小战士轻轻地喊着她的名字："南丁格尔小姐，南丁格尔小姐！"

南丁格尔走过去，柔声地问他："有什么需要我帮忙的？"

满面通红的小战士忸怩地说："您能帮我拿一下我的便盆吗？我不小心把它碰掉了。"原来这是一个全身缠满了石膏丝毫动弹不得的重伤员。

南丁格尔笑着把掉在床底下的便盆捡了起来，仔细地把它擦拭干净，并用手把它焐热，最后才往那个士兵的被子里塞了进去。那个士兵被南丁格尔的行为感动得热泪盈眶。

在自己的家信中，这所野战医院的伤员写道：

"'提灯女郎'是我们真正的天使，只要她碰一下，我们的伤口立刻就不疼了。"

"南丁格尔小姐的看护，让我体会到了什么是幸福。"

南丁格尔成为了当时英国的一个传奇式的人物。

可是不久，南丁格尔就因为过度疲劳而病倒了，她病得很重，生命垂危。伤员们听到这个消息后，都伤心地哭了起来，祈求上帝不要带走南丁格尔，哪怕用他们自己的生命去交换。最后，南丁格尔幸运地脱离了生命危险，但是身体刚刚好转的她，就又开始了辛勤的工作。

南丁格尔在克里米亚战争结束后返回了自己的故乡。人们把她当成民族英雄。她在 1860 年用大家捐助的南丁格尔基金创办了世界上最早，也是第一所正式的护士学校——南丁格尔护士学校。后来，全世界都开始普及由她开创的战地护理事业和护理学校。南丁格尔为她的护理事业奉献了全部，一直未婚。

英国国王在她 80 岁高龄的时候，为了表彰她对英国所作出的贡献，为她颁发了勋章。在英国历史上，第一位授勋的女子便是南丁格尔。后来，人们把 5 月 12 日，也就是南丁格尔的生日定为"国际护士节"，以表示对她及其业绩的纪念。

（佚名）

# 可爱的小天使

　　不妨让恨像花儿一样，开在哪里便谢在哪里。这才是人生的最高境界。

女孩很美丽，她有一双灵巧的手，会画画、会弹钢琴，人人都说她是个小天使。就在女孩 11 岁那年，父母离异了。女孩只好与父亲、继母生活在一起。继母是个恶毒的女人，对她非打即骂，她满身伤痕还要担负粗重的家务。

可即便如此，继母仍旧不肯罢休，一天夜里，丧心病狂的继母用刀砍下了她的右手。小小的女孩，第一次懂得了什么叫仇恨。虽然继母被关进牢房，可女孩的这种恨并没停止，反而日渐增长着。

身体已经残缺不全的女孩，只得跟着亲生母亲一起生活。她的右臂成了一根肉棍，她必须得重新用左手学习一切。她学习穿衣、吃饭、写字、游泳，每学一样都让她痛苦万分，对继母的仇恨也会更深一层。

不久后，女孩的父亲又离婚再娶了。继母所生的那个小男孩，终于也遭遇了同样恶毒的继母。

母亲长舒了一口气："这就是报应！"可女孩却沉默了。她竟然常常去小男孩儿家，偷偷给他送去好吃的，甚至把自己的零用钱给他。母亲拦她，可是拦不住。女孩说，当年他才一岁多，一切都不关他的事。

几年后，女孩以高分考入了大学，学费无着。很快，众人得知了她的故事，主动为她募捐了两万元的学费。大学四年，两万元已经很拮据，可就在这时，她却拿出了一万元分给了小男孩。女孩这样做的原因很简单，小男孩到了该上学的年纪，就必须得上学。

不仅如此，她还说，她大学毕业后，如果继母还没出狱，她将会全力供男孩上学。

这个善良的女孩来自四川双流县。她对同父异母弟弟的爱，让我们在这个残酷的故事里看到了人性的光辉与美好。

（佚名）

# 迟到的医生

正是他，亲手断送了自己儿子唯一的生路。

这是一个寒冷的冬夜。晚上九点钟，凡艾斯克医生突然接到一个电话。打电话的人他认识，是格兰富尔医院的海顿医生。

"凡艾斯克医生，我这里有一名病危儿童，他头颅中有一颗子弹，刚刚被送进医院，情况十分危急，必须立即做手术！但是你知道，我不是一名外科医生。"海顿医生焦急地说着。

"可是，我离格兰富尔有60英里，要不，您问问曼沙尔医生吧，他就住在格兰富尔。"凡艾斯克说。

"曼沙尔医生不在，我这才找到了您。"海顿医生解释。

"好吧，我立即赶来！不过，这里正在下雪，可能路上会耽搁点时间，我想我在12点钟之前应该能够赶到。"凡艾斯克医生答应了下来。

"那就来得及！"海顿医生这才送了口气，"还有一件事，这个孩子的家里很贫穷，我想他付不起你的诊费。"

"这没关紧，我马上就赶来！"说完，凡艾斯克医生就挂断了电话。

几分钟后，凡艾斯克医生的车在街道的红灯前停了下来。突然，一个穿黑色大衣的男人拉开车门，闯了进来。

"赶紧往前开，我手里有枪！"男人冷冷地说道。

"对不起，我是一名医生，我正在赶往医院为一个病危者做手术。"凡艾斯克连忙解释。

"闭嘴！"男人恶狠狠地说。

没有办法，凡艾斯克医生只得开车往前。当车子开出镇子大约一英里时，男人将医生赶下了车子，疾驰而去。风雪中的凡艾斯克医生十分愤懑，他只得快步跑回了镇子，叫了一辆出租车匆匆赶到火车站。到了车站他才知道，下一班开往格兰富尔的火车要到12点钟才开。

当凡艾斯克医生赶到格兰富尔的医院时已是凌晨两点，海顿医生正在焦急地等他。

"我已尽了最大努力，可我的车被打劫，只得坐火车来了！"凡艾斯克医生说完就跑进了手术室，准备立即做手术。

"不必做手术了，孩子一个小时前已经死了。"海顿医生悲伤地说道。

听了这话，凡艾斯克医生愣住了。这时，他突然发现手术室门旁坐着一个男人。男人穿着黑色大衣，脑袋深深埋在他的双手中。

医生一眼就认了出来，他就是打劫自己汽车的男人。男人浑身颤抖，喉咙里传出一阵阵压抑的哽咽声。正是他，亲手断送了自己儿子唯一的生命。

（佚名）

# 给予与获得

　　　　寻求快乐的一个最好方法不是期望获得，付出往往可以让你
觉得更快乐。

　　圣诞节时，杰克的哥哥送他一辆新车。圣诞节当天，杰克离开办公
室时，一个男孩绕着那辆闪闪发亮的新车，眼神中带着羡慕，赞叹地问：
"先生，这是你的车?"

　　杰克点点头："这是我哥哥送给我的圣诞节礼物。"男孩满脸惊讶，
支支吾吾地说："你是说这是你哥哥送的礼物，你没花一分钱？我也好
希望能……"

　　当然，杰克以为他是希望能有个送他车子的哥哥，但那男孩接下来的话
却让杰克十分震撼。

　　"我也希望是这样一个哥哥，能买车送给弟弟。"男孩继续说。

　　杰克惊愕地看着那男孩，冲口而出地邀请他："你要不要坐我的车去
兜风?"

　　男孩兴高采烈地坐上车，绕了一小段路之后，那孩子眼中充满兴奋地说：
"先生，你能不能把车子开到我家门前?"

　　杰克微笑着，心想这小孩也挺虚荣的，他肯定是要向邻居炫耀，让大家
知道他坐了一部大车子回家。

　　没想到杰克这次又猜错了。"你能不能把车子停在那两个阶梯前?"男孩要求。

　　男孩跑上了阶梯，过了一会儿杰克听到他回来的声音，但动作似乎有些
缓慢。原来他带着跛脚的弟弟出来了，他将弟弟安置在台阶上，紧紧地抱着
他，指着那辆新车。

　　只听那男孩告诉弟弟："你看，这就是我刚才在楼上告诉你的那辆新车。

这是杰克他哥哥送给他的哦！将来我也会送给你一辆像这样的车，到那时候你便能去看看那些挂在窗口的圣诞节漂亮饰品了。"

杰克走下车子，将跛脚男孩抱到车子的前座。满眼闪亮的大男孩也爬上车子，坐在弟弟的旁边。就这样，他们三人开始一次令人难忘的假日兜风。

那次的圣诞夜，杰克体会到了"施比受更快乐"的道理。以后，他经常帮助别人，不放过任何一个机会地去给予。

（佚名）

# 在幼儿园中

"爱之花开放的地方，生命便能欣欣向荣。"

昨天早饭后，母亲因要向幼儿园联系普莱可西的小妹妹入园的事，也领我去参观。我从来没有去过那里，真有趣。全园约有婴孩 200 人，都是很小的男女婴孩，和他们一比，一年级学生也是大人了。

我们到达的时候，孩子们正排成两列走进饭厅。饭厅里有两排长餐桌，上面有许多小圆孔，每个孔里放着盛了米饭和豆子的小碗，旁边放着小匙。他们进去以后，有的认不清自己的座位，走到一个位置上就坐下来，用匙子取食。老师走过来说："再往前走"，他走了四五步又坐下来吃一匙。老师们忙来忙去，好容易使他们规规矩矩地坐下了，就开始祈祷。大家合掌，眼望着屋顶，而心里却想着食物。念完祈祷，大家就忙着吃起来了。多有趣呀！有左右手拿匙子轮着吃的，有一粒一粒拣着豆子放进口袋去的，有把豆子用小围裙包着捏碎了吃的。有的不吃，看苍蝇飞舞；有的忽然咳嗽，把嘴里的食物喷了一桌子。看他们吃东西的

13

样子，好像鸡场里的小鸡争食一样，很是好看。婴孩们坐成两排，用红的绿的蓝的丝带束着发，非常可爱。

一位老师问坐在一排的八个婴孩："稻米是从哪里长出来的？"她们一齐张大嘴巴，像合唱那样齐声回答说："是从水田里长出来的。"然后老师发出一个口令："举手！"这些几个月前还穿着婴孩服的娃娃，同时举起小小的手摇动着，好像一群粉色的蝴蝶。

吃完饭以后就出去玩耍。他们先去把挂在墙上的放着午餐的小篮子拿下来，跑到园子里便四处散开，各人拿出篮子里的干粮——面包、葡萄干、小块奶酪，熟鸡蛋、小苹果、鸡翅膀或一把煮豌豆。不一会儿，到处都洒满了面包屑，好像在喂小鸟一样。他们每个人的食相也很有趣，有的像兔子在慢慢咀嚼，有的像猫儿在舔着。有一个小孩抱着一块黑面包，把山楂酱涂在上面。有个小孩把奶酪用手搓碎，涂在衣袖上。

他们有些人嘴里含着苹果和面包来回追逐。有几个小朋友用小竹签挖熟鸡蛋，好像挖什么宝贝似的，挖了又把碎粒倒在地上，再一粒粒地捡起来。当有谁带来什么新奇的食物，就有许多人围着看；如果有人带来一袋糖，就会有20个小孩要求蘸一点到他们手里的面包上去。

这时，母亲到园子里摸摸这个，摸摸那个。有的退缩，有的躲到她背后，有的仰起头要求亲一下，有的张开小嘴巴像小鸟要食物那样。有一个把咬过的桔子送给母亲，有的送来一块面包皮，一个小女孩送来一片树叶，又一个很严肃地伸出食指要母亲看，原来指头上有一个小小的水泡，说是昨晚被蜡烛油烫的。还有个小孩高兴地拿了一只小昆虫出来，我不知道她是怎样捉来的。还有的送来半块软木塞、一颗衬衫纽扣和一朵花。有一个头上缚着绷带的小孩，向母亲叽叽咕咕说了一个头尾颠倒的故事，一句话也听不懂。还有一个女孩要母亲俯下身来，附在她耳边小声地说，她的父亲是个做毛刷的。

如果老师稍微照顾不到，孩子们就要发生这样那样的事。有因解不开手中的结而哭的，有两个因为争吃半块苹果而尖叫着扭打起来，有一个因小椅子翻倒爬不起来而哭个不停。老师们跑来跑去照料着。

我们离开的时候，母亲抱了站在身边的几个孩子。于是，许多孩子都走过来要抱。他们的小脸蛋上还沾着蛋黄或果汁。有的拉着母亲的手要看看手上的戒指，有的拉着手上的表链，有的还拉着母亲的头发。

"小心！她们要把你的衣服撕破的！"老师对母亲说。

母亲却不顾自己，仍然抱着吻着他们。有些靠近的还想沿着母亲的手臂爬到她身上去，远一点的则拼命挤进来，一边喊着："再见！再见！"

"再见！再见！"母亲终于像脱逃一样离开了。孩子们追到栏杆旁，纷纷伸出小手要把面包、苹果、奶酪送给母亲，一面叫道："再见！再见！明天再来！"

母亲又回头——握她们玫瑰花环一样的小手。走到街上，才发现满身都是面包屑和污迹，衣服也弄皱了。她手里握着孩子们赠送的花，眼里闪着泪光，高兴得好像过节似的。

我们走出大门，还听见孩子们像小鸟一样在叫着："再见！夫人！再见！"

（佚名）

# 爱可以感化罪恶

> 要知道，真诚的爱可以感化人的心灵，救赎人世间的一切罪恶。

1921 年，刘易斯·劳斯出任斯达克监狱的典狱长，斯达克监狱是当时最难管理的监狱。可是当二十年后劳斯退休时，该监狱却成为一所提倡人道主义的机构。研究报告将功劳归于劳斯，当他被问及该监狱改观的原因时，他说："这都由于我已去世的妻子——凯瑟琳，她就埋葬在监狱外面。"

凯瑟琳是三个孩子的母亲。劳斯成为典狱长时，每个人都警告她千

万不可踏进监狱，但这些话拦不住凯瑟琳。第一次举办监狱篮球赛时，她带着三个可爱的孩子走进体育馆，与服刑人员坐在一起。

她的想法是："我要与丈夫一道关照这些人，我相信他们也会关照我们，我不必担心什么！"

一名被定有谋杀罪的犯人瞎了双眼，凯瑟琳知道后便前去看望。

她握住他的手问："你学过点字阅读法吗？"

"什么是'点字阅读法'？"他问。

于是她教他阅读。多年以后，这人每逢想起她还会流泪。

凯瑟琳在狱中遇到一个聋哑人，结果她就到学校去学习手语。许多人说她是耶稣的化身。在1921年至1937年间，她经常造访斯达克监狱。

后来，她在一桩交通事故中逝世。第二天，劳斯没有上班，代理典狱长暂代他的工作。消息似乎立刻传遍了监狱，大家都知道凯瑟琳出事了。

第二天，她的遗体被运回家，她家距离监狱只有四分之三英里路。代理典狱长早晨散步时惊愕地发现，一大群最凶悍、最冷酷的囚犯，竟齐聚在监狱大门口。他走近一看，这些人脸上流着眼泪。

典狱长感动了，他知道这些人爱戴凯瑟琳，于是转身对他们说："好了，各位！你们可以去，只要今晚记得回来报到！"然后他打开监狱大门，让一大队囚犯走出去。结果，当晚所有的囚犯都按时回来报到了。

（佚名）

# 扫烟囱的小孩

扫烟囱的孩子被包围在美丽的衣裙、随风飘动的帽羽、束发丝带和卷发之中，那情景真令人感动。

昨天下午，我到学校附近的女子小学去，把《爱国少年》故事送给雪尔维姐姐的老师看。

那家学校有 700 多名女生。我到达的时候正是放学，学生们因为从明天起接连有"万圣节"和"万灵节"两个节日，正高兴地回家去。我在那里看到一件很感人的事。

那学校对面街道角落里，站着一个脸孔墨黑的扫烟囱的小孩，他靠着墙根，正把脸埋在臂弯里哭。有两三个女生走上去问他："你为什么哭成这样？为什么？"但他总是哭着，不作回答。

"请告诉我们，为什么要哭？"经不住她们再三询问，他才抬起头来哭着说，今天下午扫了几处烟囱，得了 30 枚铜币，不知什么时候，从衣袋破洞里漏出去了。说着又指着破洞给她们看，他说，他现在不敢回家。"回去师傅要打我的。"说着，又哭起来，显出绝望的样子。

女生们都沉默着，替他难过。这时，又来了不少大的小的夹着书包的女生。有一个帽上插着蓝羽毛的年长女生拿出两枚铜币来，说："我只有两枚，大家凑一凑吧！"

"我这里也有两枚。"一个穿红衣服的女生接着说。"我们这么多人，30 枚铜币准能凑起来的。"

她们开始数着："阿玛利亚，露佳，安尼娜，各一枚，把钱放在这里！"有些人把原来准备买花，买笔记本的钱也拿出来了，一个最小的女孩拿出一枚半分的小铜币。帽上插蓝羽毛的女生把钱收拢了，大声地数："8 枚，10 枚，15 枚。"还是不够。这

时来了一个比她们都大，好像是助教的少女，拿出一枚半里拉的银币来，大家都很高兴。还差 5 枚。"四年级的来了，她们一定有的。"有人喊道。四年级的女生一到，果然拿出许多铜币，后面还有人向这边跑过来。可怜的扫烟囱的孩子被包围在美丽的衣裙、随风飘动的帽羽。束发丝带和卷发之中，那情景真令人感动。

30 枚铜币早已凑够，最后还多了不少。没有带钱的女生挤进来，把花束赠给他。这时，一个校工出来说："校长来了！"

女生们才像麻雀一样四散回家，剩下扫烟囱的小孩独自站在街心，手里

握满了钱，拭着眼泪。他衣袋里、纽孔里、帽子上都挂满了鲜花，还有许多花散落在他的脚边。

（佚名）

# 托举不平凡的手

相信每一颗善良之心，都不会拒绝这举止手之劳。

陀思妥耶夫斯基是一位伟大的划时代的作家。他成名于二十多岁，而他的成名得益于三位名家。

陀思妥耶夫斯基不是文学出身，他最初学的是工程专业。在他二十多岁的时候，写了一部中篇小说《穷人》，他把稿子投给《祖国纪事》，但心里还是胆怯和忐忑不安。编辑格利罗维奇和涅克拉索夫在傍晚时分开始看这篇稿子，他们看了十多页后，打算再看十多页，然后又打算再看十多页……一个人读累了，另一个人接着读，就这样一直到晨光微露。他们再也无法抑制住激动的心情，顾不得休息，找到陀思妥耶夫斯基的住所，扑过去紧紧把他抱住，流出泪来。涅克拉索夫性格孤僻内向，此刻也无法掩饰自己的感情。他们告诉这个年轻人，这部作品是那么出色，让他不要放弃文学创作。

之后，涅克拉索夫和格利罗维奇又把《穷人》拿给著名文艺评论家别林斯基看，并叫喊着："新的果戈里出现了。"别林斯基开始不以为然："你以为果戈里会像蘑菇一样长得那么快呀！"但他读完以后也激动得语无伦次，瞪着陌生的年轻人说："你写的是什么，你了解自己吗？"平静下来以后他对陀思妥耶夫斯基说："你会成为一个伟大的作家。"陀思妥耶夫斯基作出了反应："我一定要无愧于这种赞扬，多么好的人！多么好的人！这是些了不起的人，我要勤奋，努力成为像他们那样高尚而有才华的人！"后来陀思妥耶夫斯基写出了大量优秀的小说，成为俄国19世纪经典作家，被西方现代派奉为鼻祖。

格利罗维奇、涅克拉索夫、别林斯基因各自的成就赢得人们的尊敬，但同样令人们尊敬的是他们"腾出一只手"托举一个陌生人的行动。而且从最初他们就预料到这个年轻人的光芒将盖过自己，但圣洁的他们连想也没想就伸出了自己的手。果不其然，《穷人》的单行本在一年后正式出版，刚出版就风靡一时，陀思妥耶夫斯基也在 24 岁时成为了文学界的一颗新星。

（佚名）

# 慈善的是心

> 不管我们的身份有多么普通，能力有多么微薄，只要我们怀着一颗善良的心，尽心尽力地对那些身处困境乃至逆境的人给予帮助，这同样是一种慈善，同样配得上所有人的尊重和赞扬！

在一场由联合国前秘书长发起的为非洲贫困儿童募捐的慈善晚宴上，发生了这样一件感人的事情。

当时应邀参加晚宴的都是富商和社会名流，而在晚宴将要开始的时候，一位老妇人领着一个小女孩来到了庄园的入口处，小女孩手里捧着一个看上去很精致的瓷罐，从衣着上看，他们不可能是社会的上层人物。

守在庄园入口处的保安安东尼拦住了这一老一小。"欢迎你们，请出示请柬，谢谢。"安东尼说。

"请柬？对不起，我们没有接到邀请。是她要来，我陪她来的。"老妇人抚摸着小女孩的头对安东尼说。

"很抱歉，除了工作人员，没有请柬的人不能进去。这是规定。"安东尼说。

"为什么？这里不是举行慈善晚宴吗？我们是来表示我们心意的，难道不

可以吗?"

老妇人的表情很严肃，"可爱的小露西，从电视上知道了这里要为非洲的孩子们举行慈善活动，她很想为那些可怜的孩子做点事，决定把自己储钱罐里所有的钱都拿出来。我可以不进去，真的不能让她进去吗?"

"是的，这里将要举行一场慈善晚宴，应邀参加的都是很重要的人士，他们将为非洲的孩子慷慨解囊。很高兴你们带着爱心来到这里，但是，我想这场合不适合你们进去。"安东尼解释说。

"叔叔，慈善的不是钱，是心，对吗?"一直没有说话的小女孩露西问安东尼。她的话让安东尼愣住了。

"我知道受到邀请的人有很多钱，他们会拿出很多钱。我没有那么多，但这是我所有的钱啊，如果我真的不能进去，请帮我把这个带进去吧!"小女孩露西说完，将手中的储钱罐递给安东尼。

安东尼不知道是接还是不接，正在他不知所措的时候，突然有人说:"不用了，孩子。你说得对，慈善的不是钱，是心。你可以进去，所有有爱心的人都可以进去。"说话的是一位老头，他面带微笑，站在小露西身旁。他躬身和小露西交谈了几句，然后直起身来，拿出一份请柬递给安东尼:"我可以带她进去吗?"

安东尼接过请柬，打开一看，忙向老头敬了个礼:"当然可以了，沃伦?巴菲特先生。"当天的慈善晚宴举行的很成功。但主角不是倡议者安南，也不是捐出 300 万美元的巴菲特，更不是捐出 800 万美元的比尔?盖茨，而是仅仅捐出 30 美元零 25 美分的小露西，她赢得了最多最热烈的掌声。而晚宴的主题标语也变成了这样一句话:"慈善的不是钱，是心。"第二天，美国各大媒体纷纷以这句话作为标题，报道了这次慈善晚宴。

因为这篇报道，许多普普通通的美国人为露西的行为所感动，纷纷表示要为非洲那些贫穷的孩子捐赠。

（佚名）

# 玩具手机

这个"手机"玩具，只是他给三岁的儿子买的礼物。

这是一个真实的故事。

一辆行驶的长途汽车上，几个流氓正在肆无忌惮地调戏一名少女。少女像一个无助的羔羊，不停地恳求着、呼救着。但是，车上的20多个人，没有一个人敢站出来加以制止。

突然，乘客中有一个人拨通了手机："喂，是110吗？有几个流氓正在长途汽车上调戏妇女，你们赶紧过来吧。"

"咦？还真有爱管闲事儿的啊！"歹徒们听见了，立即放了少女，转身寻找打电话的人。

这个人很快就被找到了，那是一个衣服上还沾着白灰和泥浆的男人。气急败坏的歹徒们蜂拥而上，一把将男人摁倒在座位上，用刀子在他身上一阵乱捅。男人挣扎着、反抗着，可是他一个人的力量太弱小了。

终于，车上其他的乘客再也忍受不下去了，他们愤怒地站了起来，和歹徒展开了斗争。终于，歹徒们被制服了，被乘客们扭送到了公安局。这个时候，"报警"的那个男人却因失血过多，经医院抢救无效死亡。为了和男人的家属取得联系，民警试着从那部沾满血迹的手机里调取号码。他们这才发现，男人的"手机"只不过是一个儿童玩具。

这个男人是一个进城打工的建筑工人。他根本没有钱买手机。这个"手机"玩具，只是他给三岁的儿子买的礼物。

（佚名）

# 尊贵的秘密

"友谊的一大奇特作用是:如果你把快乐告诉一个朋友,你将得到两个快乐;而如果你把忧愁向一个朋友倾吐,你将被分掉一半忧愁。

一个荷兰花草商人,千里迢迢从非洲引进了一种名贵的花卉。他爱护这些花卉如同自己的生命一般。

他细心地将花种在花圃里,希望将来能卖个好价钱。邻居曾向他索要花的种子,可商人拒绝了。他计划培植三年,等拥有上万株后再开始出售和馈赠。

第一年的春天,他的花开了。花圃里万紫千红,那种名贵的花开得尤其漂亮,就像一缕缕明媚的阳光。商人高兴极了,他相信这些花卉是有生命的。于是付出了更大的心血培育这些花卉。

第二年的春天,商人的花已经达到五六千株。可商人有些失望,因为他发现今年的花虽然数量多了,但是质量却不如去年,没有去年开得好,花朵变小不说,还有一点点的杂色。

第三年的春天,商人的花已经培植出了万株的规模,但这些花完全没有了它在非洲时的那种雍容和高贵,和普通的花几乎没什么两样。

难道这些花退化了吗?商人百思不得其解,只得去请教一位植物学家。植物学家拄着拐杖来到他的花圃看了看,问他:"你这花圃隔壁是什么?"

"隔壁是邻居家的花圃。"

"他们也种这种花?"植物学家问。

"不!"商人有些骄傲又有些无奈地摇了摇头,"这种花在全荷兰,甚至整个欧洲也只有我一个人有，他们的花圃里都是些郁金香、玫瑰、金盏菊之类的普通花卉。"

"那你就把你的种子送给邻居些吧。"植物学家建议。

"为什么？"商人有些吃惊。

"虽然你的花圃里种满了这种名贵的花，但和你的花圃毗邻的花圃却种植着其他花卉，你的这种名贵之花被风传授了花粉后，就染上了毗邻花圃里的其他品种的花粉。所以你的花一年不如一年，越来越不雍容华贵了。"植物学家缓缓地说道，"谁能阻挡住风传授花粉呢？所以要想使你的名贵之花不失本色，只有一种办法，那就是让你邻居的花圃里也都种上你的这种花。"

商人听了将信将疑，主动将自己的花种分给了邻居。

很快，在第二年商人就收获了喜悦。商人和邻居的花圃成了这种名贵之花的海洋。而且花色典雅，花朵又肥又大，朵朵流光溢彩，雍容华贵。

这些美丽的花一上市，便被抢购一空。

（佚名）

# 盲人提灯

　　"一个不肯助人的人，他必然会在有生之年遭遇到大困难，并且大大伤害到其他人。"

　　路上黑漆漆的，一个商人小心翼翼地走着，他懊悔自己出门时没有听妻子的话拿上灯笼。可是现在后悔也来不及了，他只好费力地摸黑前进了。

　　忽然前面出现了一点灯光，慢慢地，灯光越来越亮，逐渐照亮了附近的路。商人觉得自己很庆幸，看来自己的运气还不错。让商人吃惊的

是，待到他走进灯光时，才发现那个提着灯笼走路的人竟然是一位双目失明的盲人。

"你双目失明，灯笼对你一点用处也没有，你为什么要提灯笼呢？不怕浪费灯油吗？"商人好奇地问道。

"我提灯笼当然是为自己照路。"盲人慢条斯理地回答。

"怎么可能？你看不到路啊！"商人更加惊奇了。

"我的确看不到，但是别人看得到。我提了灯笼在黑暗中行走，灯光虽然不能让我看清路，却可以让路上的行人都看见我。这样，我就不会被别人撞倒了。"盲人微笑着回答道，"以往我不提灯笼走夜路，别人看不见我，我常常会被别人撞倒。如今有了灯笼，省却了很多麻烦。"

这位盲人用灯火为别人照亮了本是漆黑的路，为他人带来了方便，同时他也因此保护了自己。看来，帮助别人就是帮助自己，这是亘古不变的真理。

（佚名）

# 富翁的同情心

你在别人处于危难之时挺身而出，别人也会愿意回报你。而且，这种帮助往往很简单，有时你只需花点时间说些安慰的话语，都可以给人以重生的力量。

有一位百万富翁，一直标榜仁慈，整天向别人吹嘘自己是如何的具有同情心。

一天，一位十分贫穷的农夫来到富翁家中，问他讲述自己人生的悲惨遭遇。农夫的经历十分令人同情，而且他讲得是那么的真切生动，就连富翁都忍不住流下了眼泪。

"哦！汤姆，赶快把这个家伙赶出去，他讲的故事实在太凄惨了，我的心都快碎了！"富翁眼泪汪汪地对自己的佣人说。

穷苦的农夫听了富翁的话，有些摸不着头脑。

"您不是仁慈的富翁吗？"

"但是，你的故事实在太凄惨了，我可不想听！"富翁说完，立即挥了挥手，将农夫赶出了家门。

（佚名）

# 她是我最好的朋友

友情是轻松地相遇，真实而赤诚的相对，友情是不加任何虚伪和谋划的创造，友情是上帝给人间最智慧的宝藏。

那是在几十年前的越南孤儿院。

由于飞机地狂轰滥炸，一颗炸弹在一家孤儿院爆炸了，几个孩子和一位工作人员被炸死，还有几个孩子受了伤。

所幸，不久后一个医疗小组来到了这里。虽然小组只有两个人——一个女医生，一个女护士。但她们很快进行了急救，对几个孩子进行了包扎处理。可是，有一个小女孩由于失血过多，出现了生命危险，必须要紧急输血。医生们带来的医疗用品中没有可供使用的血浆。

思索一番，医生决定就地取材，她给在场的所有人验了血，终于发现有几个孩子的血型和这个小女孩是一样的。

于是，医生和护士对孩子们说，要他们为小女孩献血。

"你们的朋友伤得很重，她需要血，需要你们给她输血！"医生和护士都只会说一点点的越南语，所以他们只得用尽量多的手势和仅仅会的几个单词表达

自己的意思。终于，孩子们点了点头，好像听懂了，但眼里却藏着一丝恐惧！

"你们谁来献血？"医生拿着针头，在血管处比划了一下。孩子们没有人吭声，没有人举手表示自己愿意献血。女医生没有料到会是这样的结局。

"为什么你们不肯献血来救自己的朋友呢？难道你们没明白我说的话？她已经有生命危险了，再不救就会死掉了！"女医生十分失望地说道。

忽然，一只小手慢慢地举了起来，虽然很犹豫，但是最终举了起来，一直举过头顶。"好，那就你了！"医生很高兴，马上把那个小男孩带到临时的手术室，让他躺在床上。小男孩僵直着躺在床上，看着针管慢慢的插入自己细小的胳膊，看着自己的血液一点点的被抽走！眼泪不知不觉地就顺着脸颊流了下来。

"针管弄疼你了？"医生有些紧张地问。

男孩摇了摇头，但是眼泪还是没有止住。

医生开始有一点慌了，一定是哪里弄错了，可是到底在哪里呢？针管是不可能弄伤这个孩子的呀！

就在这时候，一个越南的护士赶到了这个孤儿院。女医生立即把情况告诉了护士。越南护士忙低下身子和床上的孩子交谈了一会。不久后，孩子竟然破涕为笑了。原来，孩子们都误解了女医生的话，以为她要抽光一个人的血去救那个小女孩。所以，谁都不肯站出来用自己的生命去挽救小伙伴的生命。可让人意想不到的是，这个小男孩竟然站了出来！

"既然以为献过血之后就要死了，为什么他还自愿出来献血呢？"医生问越南护士。

越南护士连忙蹲了下来问小男孩，小男孩不假思索地回答说："因为她是我最好的朋友！"

回答很简单，只有几个字，但却感动了在场所有的人。

（佚名）

# 管家的小提琴

　　一次细心的人格保护，使他们铭记一辈子。尤其是善良的行为和言语更是春风化雨，温暖小孩的内心。

　　埃德蒙是一个很有名的音乐家。这天中午，埃德蒙突然听见楼上卧室有轻微的响声，是阿马提小提琴的声音。

　　"难道有小偷？"埃德蒙连忙冲上楼，果然，一个大约13岁的陌生少年正在那里摆弄小提琴。

　　少年头发蓬乱，脸庞瘦削，一身外套极其不合身，似乎在里面塞了很多东西。一看就知道，这是个小偷，他连忙用自己结实的身躯挡在了门口。就在这时，少年看到了他。一双眼睛里立即充满了惶恐、胆怯和绝望。

　　这眼神一下子把埃德蒙打动了，愤怒的表情顿时被微笑所代替。

　　"你是丹尼尔先生的外甥琼吗？我是他的管家。前两天，丹尼尔先生说你要来，没想到来得这么快！"埃德蒙微笑着说。

　　那个少年先是一愣，但很快就回应说："我舅舅出门了吗？我想先出去转转，待会儿再回来。"埃德蒙先生点点头。

　　少年连忙小提琴放下，打算离开。

　　"你也喜欢拉小提琴吗？"埃德蒙问道。

　　"是的，但拉得不好。"少年紧张地回答。

　　"那为什么不拿着琴去练习一下，我想丹尼尔先生一定很高兴听到你的琴声。"埃德蒙语气平缓地说。

　　少年疑惑地望了望埃德蒙，迟疑了一下，最终拿起了小提琴，临出客厅时，少年突然看见墙上挂着一张埃德蒙在歌德大剧院演出的巨幅彩照，身体猛然抖了一下。没有哪一位主人会用管家的照片来装饰客厅，少年立即明白

了怎么回事。他立即加快了脚步，甚至是跑出了埃德蒙的家。

晚上，埃德蒙的太太察觉到异常，忍不住问道："亲爱的，你心爱的小提琴坏了吗？"

"哦，没有，我把它送人了。"埃德蒙缓缓地说道。

"送人？你那么珍爱它，怎么可能把它送人？"太太一副难以置信的样子。

"如果一把小提琴能够拯救一个迷途的灵魂，我愿意这样做。"埃德蒙缓缓地说道。

随即，他向妻子讲述了中午发生的事情。妻子听了，很为埃德蒙的决断感动。

三年后，埃德蒙应邀担任一次音乐大赛的决赛评委。一位叫里特的小提琴选手凭借雄厚的实力夺得了第一名。颁奖大会结束后，里特拿着一只小提琴匣子跑到埃德蒙先生的面前。

"埃德蒙先生，您还认识我吗？"小伙子脸色绯红地问。

埃德蒙觉得似曾相识，但是又不能确认，只好摇了摇头。

"您曾经送过我一把小提琴，我一直珍藏着，直到今天！"里特说着说着，热泪盈眶，"那时候，几乎每一个人都把我当成垃圾，我也以为自己彻底完了。但是您让我在贫穷和苦难中重新拾起了自尊！现在，我可以无愧地将这把小提琴还给您了！"

说完，里特含泪打开琴匣，将那把阿马提小提琴归还给了埃德蒙。埃德蒙的眼眶也湿润了，他走上前紧紧地搂住了里特，原来他就是那个"小偷少年"。

多年来，埃德蒙一直为自己所做的这件事感动。他保全了少年的自尊，感化了他的心灵，更改变了他的人生。

（佚名）

# 帮 助

只要我们对他人付出自己真挚的爱，回报会在不知不觉中来到我们的身边。

一天傍晚，他在单行道的乡村公路上孤独地驾着车回家。在这美国中西部小镇上谋生，他的生活节奏就像他开的老爷车一样迟缓。自从所在的工厂倒闭后，他就没有找到过固定工作，但他还是没有放弃希望。

外面空气寒冷，暮气开始笼罩四野。在这种地方，除了外迁的人们，谁会在这路上驾驶？他的老爷车的车灯坏了，但是他不用担心，他能认路。

天开始变黑，雪花越落越厚。他告诉自己得加快回家的脚步了。

他差一点没有注意到那位困在路边的老太太。外面已经很黑了，这么偏远的地方，老太太要求援是很难的。我来帮她吧，他一边想着，一边把老爷车开到老太太的奔驰轿车前停了下来。

尽管他朝老太太报以微笑，可是他看得出老太太非常紧张。她在想：会不会遇上强盗了？这人看上去穷困潦倒，饿狼一样。

他能读懂这位站在寒风中瑟瑟发抖的老太太的心思。他说："我是来帮你的，老妈妈。你先坐到车子里去，里面暖和一点。别担心，我叫拜伦。"

老太太的轮胎爆了，换上备用胎就可以。但这对老太太来说，并不是件容易的事情。拜伦钻到车底下，察看底盘哪个部位可以撑千斤顶把车顶起来，他爬进爬出的时候，不小心将自己的膝盖擦破了。

等将轮胎换好，他的衣服脏了，手也酸了。就在他将最后几颗螺丝上好的时候，老太太将车窗摇下，开始和他讲话。

　　她告诉他她是从大城市来的，从这里经过，非常感谢他能停下来帮她的忙。拜伦一边听着，一边将坏轮胎以及修车工具放回老太太的后车厢，然后关上，脸上挂着微笑。老太太问该付他多少钱，还说他要多少钱都不在乎。因为她能想象得出如果拜伦没有停下来帮她的话，在这种地方和这个时候，什么事情都可能发生。

　　帮这老太太忙是要向她要钱？拜伦没有想过。他从来没有把帮助人当做一份工作来做。别人有难应该去帮忙，过去他是这样做的，现在他也不想改变这种做人的准则。他告诉老太太，如果她真的想报答他的话，那么下次她看见别人需要帮助的时候就去帮助别人。他补充说："那时候你要记得我。"

　　他看着她的车子走远。他的这一天其实并不如意，但是现在他帮助了一个需要帮助的人，他一路开车回家的心情却变得很好。

　　再说那老太太。她在车子开出了将近一英里的地方，看到路边有一家小咖啡馆，就停车进去了。她想，还得开一段路才能到家，不如先吃一点东西，暖暖身子。

　　这是一家很旧的咖啡馆，门外有两台加油机；室内很暗，收银机就像老掉牙的电话机一样没有什么用场。

　　女招待走过来给她送来了菜单，老太太觉得这位招待的笑容让她感到很舒服。她挺着大肚子，看起来最起码有 8 个月的身孕了，可是一天的劳累并没有让她失去待客的热情。老太太心想，是什么让这位怀孕的女人必须工作，而又是什么让她仍如此热情地招待客人呢？她想起了拜伦。

　　女招待将老太太的 100 元现钞拿去结账，老太太却悄悄地离开了咖啡馆。

　　当女招待将零钱送还给老太太时，发现位置已经空了，正想着老太太跑到哪里去的时候，她注意到老太太的餐巾纸上写着字，在餐巾纸下，她发现另外还压着 300 块钱。餐巾纸上是这样写着的："这钱是我的礼物。你不欠我什么。我经历过你现在的处境。有人曾经像现在我帮助你一样帮助过我。如果你想报答我，就不要让你的爱心失去。"女招待读着餐巾纸上的话，眼泪夺眶而出。

那天晚上，她回到家里，躺在床上翻来覆去地睡不着，她想着那老太太留下的纸条和钱。那老太太怎么知道她和她丈夫正在为钱犯愁呢？下个月孩子就要生了，费用却还完全没有着落，她和丈夫一直都在为此担心。现在这下好了，老太太真是雪中送炭。看着身边熟睡的丈夫，她知道白天他也在为赚钱犯愁。她侧过身去给他轻轻的一吻，温柔地说："一切都会好的，拜伦，我爱你。"

（佚名）

# 别让机遇悄悄溜走

人生应积极地追求机遇，争取机遇，不应在机遇到来时行动迟缓，疏于决断，造成一时甚至一生的缺憾。

大卫·斯旺沿着大道朝波士顿走去。他的叔父在波士顿，是个商人，要给他在自己店里找个工作。夏日里起早摸黑地赶路实在太疲乏，大卫打算一见阴凉的地方就坐下来歇歇。不多会儿，他来到一口覆盖着浓阴的泉眼旁边。这儿幽静、凉快。他蹲下身子，饮了几口泉水，然后把衣服裤子折起当枕头，躺在松软的草地上，很快就酣然入睡了。

就在他呼呼大睡的当儿，大道上来了一辆由两匹骏马拉着的华丽马车，墓地，由于马·蹩痛了脚，车子"嘎"地停在泉眼边。车里走出一位年长绅士和他的妻子。他们一眼就瞧见大卫睡在那儿。

"他睡得多沉，呼吸那么顺畅，要是我也能那样睡会儿，该多幸福！"绅士说。

他的妻子也叹道："像咱们这样的老人，再也睡不上那样的好觉了！看那孩子多像咱们心爱的儿子呀，能叫醒他吗？"

"哦，咱们还不知道他的品行呢。"

"看他脸孔，多天真无邪哟！"

大卫不知道，幸运之神正近在咫尺呢！年长绅士家里很富有。他唯一的儿子最近不幸死了。在这样的情况下，人们往往会做出奇怪的事来。比如说，认一个陌生小伙子为儿子，并让他继承自己的家产。可是，大卫却始终没醒来，睡得正甜。

"咱们叫醒他吧！"绅士妻子又说了一句。正在这时，马车夫嚷起来："快走吧！马好了。"老夫妻俩依恋地对视一下，便快步走向马车。

过了不到5分钟，一个美丽的姑娘踏着欢快的步子，朝泉眼走来了。她停下来喝水，也瞧见了大卫。就像未经允许进入别人卧室，姑娘慌忙想离开。突然，她看见一只大马蜂正嗡嗡地在大卫头上飞来飞去，就不由得掏出手帕挥舞着，把马蜂赶走。

看着大卫，姑娘心头一颤，脱口而出："他长得多俊啊！"可是大卫却丝毫未动，她只好快快地走了。要是大卫能醒来，也许能和她认识，甚至结亲。大卫永远也不会知道在他睡眠时发生的一切幸运。可是，仔细想想，世上谁人不如此呢？

# 第二辑　奇迹的名字叫父母

亲情是什么？是一瞬间内心的触动，但又往往是彻底的改变，是一种能改变十个月期望的力量，一种能忘却使命的神奇，是一种渴望平安的永恒。亲情是什么？它让我们永远有依靠的对象，有倾诉烦恼的伙伴。我们抹不去它在我们身体里的永远，它只属于我们每一个人。

# 最后的常春藤叶

　　可是这就是爱心的力量：它貌似简单，却蕴含着一种伟大的力量；貌似平凡，却有着让人难以置信的美丽！

　　在华盛顿广场西面的一个小区里，街道发了疯，突然进一块块条带状地段，即所谓的"街段"。这些街段生出些奇特的棱角和曲线。一条街形成一两个十字路口。一位艺术家有次发现了这条街的宝贵潜在价值。假设一个收款人，带着账单来收颜料、画纸和画布的钱。他在这街路上转来转去，或许会猛然发现自己转回了原处，账款一分未收！

　　因此，搞艺术的人不久就来到古色古香的格林威治村。他们四处寻觅，要猎取北向的窗户，十八世纪的山墙，荷兰式的阁楼，还有低廉的房租。然后，他们从第六大道引进一些白镴杯子和一两只暖炉，形成一个"集居区"。

　　在一幢矮墩墩的三层砖结构房子里，顶层就是休和约翰西的画室。"约翰西"是乔安娜的昵称。这两个人，一个来自缅因州；另一个来自加利福尼亚州。她俩是在第八街的"德尔莫尼科饭店"吃定价客餐时相遇的。她们发现，在艺术，菊苣色拉、灯笼袖等方面，彼此的爱好如此相同，于是就合租了那间画室。

　　那是五月里的事。十一月，一位冷酷无形的不速之客——医生称之为肺炎，在集居区周围高视阔步，用冰冷的手指乱戳乱碰。这个灾害狂，在东区击倒了几十个牺牲品之后，肆无忌惮地跨了过来，然而，在穿过这些迂曲狭窄，苔藓遍布的"街段"时，他的脚步慢了下来。

　　肺炎先生不是你们常常称之为具有骑士品质的那种老绅士。一个被加利福尼亚的西风吹淡了血色的弱小女人，远不是这个长着红拳头，气

喘吁吁的老蹩脚货的公平对手。但他击倒了约翰西；她躺在滚过的铁床上，几乎一动不动，从荷兰式窗子玻璃上望出去，盯着毗邻砖屋那木然的墙壁。

一天上午，忙忙碌碌的医生扬了扬灰色的浓眉，示意休到门厅里去。"不妨这么说，她有十分之一的机会。"他说着，把体温表里的水银柱甩下去。"这机会就在于她要有活下去的愿望。有人铁了心要同殡仪员站在一边，这就使无论什么药都显得无能为力。你的这位小姐已经认定她不会好起来。她有什么心事吗？"

"她——她想画那不勒斯海湾。"休说。

"画画？——胡扯！她心里有没有值得想上两遍的什么事。比如说男人？"

"男人？"休说，声音中的鼻音就像从单簧口琴上发出来的。"男人就值得——不过，没有，医生；没有这样的事。"

"嗯，这么说来是虚弱的缘故，"医生说，"我将尽我所学，凡科学能达到的，我都将做到。不过，一旦我的病人开始清点她送葬队伍里的马车，我就得减去一半药品的治疗力量。如果你能使她就披风衣袖的冬季款式提个问题，我敢向你保证，那她的机会就是五分之一，而不是十分之一。"

医生走了以后，休走进工作室，哭得一张日本餐巾变成了一团纸浆。后来，她带着画板，口里吹着雷格泰姆曲调，昂着头走进了约翰西的房间。

约翰西躺着，在被子下几乎纹丝不动，脸朝着窗子，休以为她睡着了，停止了吹口哨。

她搭好画报，开始为杂志的小说画钢笔画插图。青年艺术家必须靠杂志的小说插图来为自己铺平通向艺术的道路，这正如青年作家必须靠杂志小说来给自己铺平通向文学的道路一样。

当休正在为小说的主角，一位爱达荷牛仔，画他在马匹展览会上穿的漂亮马裤和单片眼镜时，她听到一个微弱的声音重复了几遍。她赶快走向床边。

约翰西的眼睛睁得大大的。她望着窗外，在计数——在倒计数。

"十二，"她说，稍后又说，"十一"；然后是"十、九"，接着是几乎没有停顿的"八"和"七"。

休关切地向窗外望去。外边有什么可数的呢？外边可见的只有一个空空的、阴沉沉的院子，还有二十英尺外的砖屋那木然的墙壁。一株极老极老的常春藤，其根节节疤疤的，已经朽烂，攀缘到半墙高。秋天的寒流扯掉了藤上的叶子，到现在，差不多掉光了叶的藤枝还紧紧地抓着快要坍塌的砖墙。

"什么事，亲爱的？"休问。

"六，"约翰西几乎是在耳语地说，"它们现在掉得更快了。三天前差不多有一百片。数它们数得我头痛，不过现在数起来容易了。又掉了一片，现在只剩下五片。"

"五片什么，亲爱的？告诉你的休迪。"

"叶子。常春藤上的。当最后一片落掉时，想必我也得去了。三天前我就知道了。难道医生没告诉你？"

"哦，我从没听到过这样的胡话，"休一副嘲笑的样子，埋怨地说，"常春藤的老叶子同你好起来有什么关系？你一向很喜欢那株常春藤，你这个顽皮的姑娘。别犯神经病了。喂！今天上午医生对我说，好起来很快，你康复的机会是——让我想想，他说的原话是——他说，机会是十之八九！可不，这机会就差不多跟我们在纽约市内搭乘有轨电车或步行走过一幢新房子的机会一样好。来，喝点汤试试，让休回到画上去，这样她才能把它卖给编辑先生，给病中的孩子买回波尔图葡萄酒，给她自己饥肠辘辘的肚子买些猪排。"

"你不必再买酒了，"约翰西说，两眼死死地盯着窗外。"又掉了一片。不，我不想喝什么汤，只剩下四片叶子了。我想在天变黑之前，看到最后一片叶落下。到那时，我也将离去。"

"约翰西，亲爱的，"休俯身说，"你能不能答应我，在我干完以前，闭上眼睛，别看窗外，明天是最后期限，我必须提交这些插图。我需要光线，否则我就会拉下窗帘。"

"你就不能到另一间屋去画吗?"约翰西冷淡地问。

"我宁愿在这儿伴着你,"休说, "再说,我不想你老盯着那些无聊的常春藤上的叶子。"

"你一干完就告诉我一声,"约翰西说,合上眼睛,脸色苍白地躺着,静静地就像一尊倒伏的雕像, "因为我想看看最后一片藤叶落下。我等得厌倦了。我想得也厌倦了。我想摆脱一切,像那些可怜的厌倦的叶子中的一片,飘落下去,下去。"

"试试睡一睡,"休说, "我得去叫贝尔曼上来,给我当那个遁世老矿工的模特儿。我去不了一分钟。在我回来前,千万别动。"

贝尔曼老人是位画家,住在她们下边的底层。他已年过六十,长着米开朗琪罗的摩西雕像式的络腮胡子,这胡子从萨梯的头上开始,顺着小魔鬼的身子卷曲而下。在艺术上,贝尔曼是个失败的人。他操了四十年的画笔,可还没进到足以触摸艺术女神长袍的下摆的地步。他一直想画一幅杰作,但始终没有动笔。多年来,他除了偶尔在商贸那一行中或广告上抹抹涂涂之外,什么也没画过。他挣的那几文,全靠他给集居区里的青年艺术家当模特儿,因为这些人付不起职业模特儿的价钱。他喝杜松子酒,一过量就老调重弹,提起他那为期不远的杰作。除此之外,他是一个火气大的小老头儿,他无情地嘲笑任何一个人的软弱,他把自己看成是一条特殊的侍奉人的大驯犬,要保护楼上画室里的两位青年艺术家。

休在楼下贝尔曼那间光线黯淡的小屋里找到他时,他身上正散发着浓浓的杜松子酒气。屋里一角的画架上绷着一块空白的画布,它在那儿已经等了二十五年,等着杰作的第一笔落下去。她告诉他约翰西的怪念头,还有自己多么害怕在她轻轻抓着这个世界的手越来越乏力的时候,她会真的像一片轻轻的、纤弱的叶子那样飘飘而去。

老贝尔曼两眼通红,清泪涟涟,他用叫声来表达他对如此愚蠢的胡思乱想的蔑视和嘲笑。

"岂有此理!"他叫道, "就因为叶子从该死的藤上掉了,世上竟有人蠢得想死?我还没听到过这等事。不,我可不愿摆姿势,做你那个像

白痴的遁世笨蛋模特儿。你为什么让那样糊涂的念头钻进她的脑袋？唉，那可怜可爱的约翰西小姐。"

"她病得很重，很虚弱，"休说，"发烧已经使她的脑子处于不正常的状态，使她满脑子都是些怪念头。贝尔曼先生，要是你不介意给我做模特儿，那就太好了，你不必介意。话又说回来，我认为你是个极不友好的老——老饶舌鬼。"

"你真像个女人！"贝尔曼叫着说，"谁说我不愿当模特儿？走吧！我就去。半个小时了，我一直在说我准备好了去当模特儿。天哪！这儿根本不是像约翰西小姐那么好的人病倒的地方。总有一天，我将画一幅杰作，这样我们都将离开。天啊！等着吧。"

当他们上楼时，约翰西睡着了。休放下窗帘，一直遮到窗台，然后示意贝尔曼到另一个房间去。他们在那儿担心地凝视着窗外的常春藤，然后你看看我，我看看你，有那么一会儿谁也没说一句话。雨冷冰冰的，夹着雪花，下个不停。穿着蓝色旧衬衫的贝尔曼，像位遁世的矿工，坐在代替岩石的扣过来的锅上。

第二天早晨，当休从一小时的睡眠中醒来的时候，她发现约翰西无神的眼睛睁得大大的，盯着垂下的绿色窗帘。

"把它拉起来；我想看看。"她耳语式地命令道。

休满面愁容地依从了。

不过，瞧！在持续了整整一夜的凄风苦雨的狂吹猛打之后，一片常春藤的叶子仍引人注目地靠在砖墙上，它是藤上的最后一片叶子。靠近叶柄的地方依旧深绿，不过，那锯齿形的叶缘带着枯败的黄色，它挑战似的挂在一根枝条上，离地面大约二十英尺高。

"那是最后一片叶子，"约翰西说，"我以为夜里它肯定会掉。我听到了风声。今天它将掉下，同时我也将死。"

"亲爱的，亲爱的！"休说着，俯下憔悴的脸靠在枕头上。"如果你不愿想想自己，就想想我吧。我将怎么办？"

然而，约翰西没有回答。在世界上，最孤单寂寞的事莫过于一颗灵魂准备踏上神秘、遥远的旅途。当把她同友情和尘世联结在一起的纽带一根接一根地松开时，幻觉似乎就把她攥得越紧。这一天消磨过去了，即使在黄昏时分，她们仍能看见那片孤零零的常春藤叶坚守在叶柄上，靠着墙。后来，随着夜色的来临，北风又起，相伴的雨点仍旧打在窗子上，从低矮的荷兰式屋檐口嗒嗒地下滴。

当天色大亮时，约翰西硬起心肠，吩咐把窗帘拉起来。

那枚常春藤叶仍在那儿。

约翰西躺着，盯着它看了好久好久。然后她向正在煤气炉上搅动鸡汤的休喊道："我是个坏姑娘，休迪，"约翰西说，"有什么东西使那最后的一片叶子住在那儿，启示我我是多么的可恶。想死即罪过。现在你可以给我拿点汤来，再来些掺波尔图葡萄酒的牛奶，还有——不；先给我面小镜子，然后给我垫些枕头，我要坐起来看你煮东西。"

过了一小时，她说："休迪，我希望有一天去画那不勒斯海湾。"

这天下午，医生来了，他离开时，休找个借口走进门厅。

"机会对半开，"医生握住休颤抖的小手说，"好好护理，你将获胜。现在，我必须到楼下去看我的另一位病人。贝尔曼，这是他的名字——一位顶呱呱的艺术家，我绝不怀疑。也是肺炎。他又老又弱，病情危重。对他来说，已没有希望；不过，他今天去医院，这会使他舒服些。"

第二天，医生对休说："她已脱离危险，你胜利了。现在，营养和照顾——就足够了。"

当天下午，休来到约翰西躺着的床边。约翰西正心满意足地织着一条非常绿、非常无用的披巾。休伸出手臂把约翰西连枕头一把搂住。

"我有事告诉你，小白鼠，"她说，"贝尔曼先生今天在医院里死于肺炎。他只病了两天。头天上午，照管房屋的工友在楼下他的房间里发现他痛苦得忍受不下去。他的鞋子和衣服全湿透了，冷得像冰。人们想象不出，在如此恶劣的夜晚他上哪儿去了。后来，他们找到一盏仍亮着的提灯，还有一架从原地挪动过的梯子，还有几支乱扔着的画笔，一块调色板，调色板上还有调过的绿色和黄色颜料，还有——看看窗外，亲爱的，看看墙上那片最后的常春藤叶。为什么它从不随风飘动，难道你

不觉得奇怪吗？啊，亲爱的，那是贝尔曼绝无仅有的作品——在那最后的一片藤叶掉下之夜，他把它画在了哪儿。"

（佚名）

# 母亲的八个谎言

母爱有无数的方式，简简单单的一句话，一个微笑，一个点头……在这些细节中，或深或浅，或重或轻都有爱的滋味。只要你回味和咀嚼，迟早会品尝到爱的味道。

## 第一个谎言

儿时，小男孩家很穷，吃饭时，饭常常不够吃，母亲就把自己碗里的饭分给孩子吃。小男孩稚气地对妈妈说，妈妈，你怎么不吃啊？

母亲说，孩子们，快吃吧，我不饿！

## 第二个谎言

男孩长身体的时候，勤劳的母亲常用周日休息时间去县郊农村河沟里捞些鱼来给孩子们补钙。鱼很好吃，鱼汤也很鲜。孩子们吃鱼的时候，母亲就在一旁啃鱼骨头，用舌头舔鱼骨头上的肉渍。

男孩心疼，就把自己碗里的鱼夹到母亲碗里，请母亲吃鱼。母亲不吃，母亲又用筷子把鱼夹回男孩的碗里。

母亲说，孩子，快吃吧，我不爱吃鱼！

## 第三个谎言

上初中了，为了缴够几个孩子的学费，当缝纫工的母亲就去居委会领些火柴盒拿回家来，晚上糊了挣点分分钱补点家用。

有个冬天，男孩半夜醒来，看到母亲还躬着身子在油灯下糊火柴盒。

男孩说，母亲，睡了吧，明早您还要上班呢。

母亲笑笑，说，孩子，快睡吧，我不困！

## 第四个谎言

高考那年，母亲请了假天天站在考点门口为参加高考的男孩助阵。时逢盛夏，烈日当头，固执的母亲在烈日下一站就是几个小时。

考试结束的铃声响了，母亲迎上去递过一杯用罐头瓶泡好的浓茶叮嘱孩子喝了，茶亦浓，情更浓。

望着母亲干裂的嘴唇和满头的汗珠，男孩将手中的罐头瓶反递过去请母亲喝。

母亲说，孩子，快喝吧，我不渴！

## 第五个谎言

父亲病逝之后，母亲又当爹又当娘，靠着自己在缝纫社里那点微薄收入含辛茹苦拉扯着几个孩子，供他们念书，日子过得苦不堪言。

胡同路口电线杆下修表的李叔叔知道后，大事小事就找岔过来打个帮手，搬搬煤，挑挑水，送些钱粮来帮补男孩的家里。

人非草木，孰能无情。左邻右舍对此看在眼里，记在心里，都劝母亲再嫁，何必苦了自己。然而母亲多年来却守身如玉，始终不嫁，别人再劝，母亲也断然不听。

母亲说，我不爱！

## 第六个谎言

男孩和她的哥姐大学毕业参加工作后，下了岗的母亲就在附近农贸市场摆了个小摊维持生活。

身在外地工作的孩子们知道后就常常寄钱回来补贴母亲，母亲坚决不要，并将钱退了回去。

母亲说，我有钱！

## 第七个谎言

男孩留校任教两年，后又考取了美国一所名牌大学的博士生，毕业后留在美国一家科研机构工作，待遇相当丰厚。

条件好了，身在异国的男孩想把母亲接来享享清福却被老人回绝了。

母亲说，我不习惯！

## 第八个谎言

晚年，母亲患了胃癌，住进了医院，远在大西洋彼岸的男孩乘飞机赶回来时，术后的母亲已是奄奄一息了。

母亲老了，望着被病魔折磨得死去活来的母亲，男孩悲痛欲绝，潸然泪下。

母亲却说，孩子，别哭，我不疼。

（佚名）

# 苹果树

*感恩吧，感谢父母们给予的一点一滴。要知道，在这个世界上，无论我们付出多少都不能报答的，就是父母对我们的爱！*

很久很久以前，有一棵又高又大的苹果树。一位小男孩，天天到树下来，他爬上去摘苹果吃，在树荫下睡觉。他爱苹果树，苹果树也爱和他一起玩耍。

后来，小男孩长大了，不再天天来玩耍。一天他又来到树下，很伤心的样子。苹果树要和他一起玩，男孩说："不行，我不小了，不能再和你玩，我要玩具，可是没钱买。"苹果树说："很遗憾，我也没钱，不过，把我所有的果子摘下来卖掉，你不就有钱了？"男孩十分激动，他摘下所有的苹果，高高兴兴地走了。然后，男孩好久都没有来。苹果树很伤心。

有一天，男孩终于来了，树兴奋地邀他一起玩。男孩说："不行，我没有时间，我要替家里干活呢，我们需要一幢房子，你能帮忙吗？""我没有房子，"苹果树说，"不过你可以把我的树枝统统砍下来，拿去搭房子。"于是男孩砍下所有的树枝，高高兴兴地运走去盖房子。看到男孩高兴树好快乐。从此，男孩又不来了。树再次陷入孤单和悲伤之中。

一年夏天，男孩回来了，树太快乐了："来呀！孩子，来和我玩呀。"男孩却说："我心情不好，一天天老了，我要扬帆出海，轻松一下，你能给我一艘船吗？"苹果树说："把我的树干砍去，拿去做船吧！"于是男孩砍下了她的树干，造了条船，然后驾船走了，很久都没有回来。树好快乐……但不是真的。

许多年过去，男孩终于回来，苹果树说："对不起，孩子，我已经没有东西可以给你了，我的苹果没了。"

男孩说："我的牙都掉了，吃不了苹果了。"

苹果树又说："我再没有树干，让你爬上来了。"

男孩说："我太老了，爬不动了。"

"我再也没有什么给得出手了……，只剩下枯死下去的老根。"树流着泪说。

男孩说："这么多年过去了，现在我感到累了，什么也不想要，只要一个休息的地方。"

"好啊！老根是最适合坐下来休息的，来啊，坐下来和我一起休息吧！"男孩坐下来，苹果树高兴得流下了眼泪……

这就是我们每个人的故事。这棵树就是我们的父母。小时候，我们喜欢和爸爸妈妈玩……长大后，我们就离开他们，只在需要什么东西或者遇到麻烦的时候，才回到他们身边。无论如何，父母永远都在那儿，倾其所有使你快乐。你可能认为这个男孩对树很残酷，但这就是我们每个人对待父母的方式。

（佚名）

# 奇迹的名字

有一种爱，它是无言的，是严肃的，在当时往往无法细诉，然而，它让你在过后的日子里越体会越有味道，一生一世忘不了，它就是那宽广无边的父爱。

很久以前，一位父亲带着 6 岁的儿子乘坐轮船前往美国与妻子会合。

这天，阳光明媚，船行进得很平稳，父亲在船舱里削苹果给儿子吃。一切都是那么的安详和幸福。

就在这时，船身突然剧烈摇晃起来，男人摔倒了，刀子一下子插进了他的胸部。儿子十分担心地看着父亲，父亲淡淡笑了一下，告诉儿子自己没事。

然后，他忍住剧痛，偷偷地拔出了刀子，用拇指揩去了刀锋上的血。

以后的三天里，父亲像什么事情也没有发生一样，仍旧像往常一样照顾儿子。带他吹海风，看蔚蓝的大海。只是，幼小的儿子没发现，父亲的身体已经变得虚弱无比。抵达的前夜，父亲把儿子叫来，轻轻地吻了儿子的额头，告诉他说："明天见到妈妈的时候，告诉她，我爱她。"

船终于到美国了，儿子认出了妈妈，高兴地欢呼了起来。就在这时，男人仰面倒下，胸口血如井喷。

医学人员对男人进行了尸解，结果让所有人惊呆了：那把刀子精确地插进了他的心脏，可他竟然多活了三天，甚至没有被任何人发觉。为此，医学人员解释，可能是创口太小了，使得被切开的心依原样贴在一起，维持了三天的供血。这是医学上罕见的奇迹。医学会议上，有人说要称它为大西洋奇迹，并且要以死者的名字为这一奇迹命名。

这时，一位老专家一字一句地说道："这个奇迹的名字叫父亲。"

（佚名）

# 一根手指与8块5毛钱

女人说完，将头靠在了墓碑上，脸上的微笑荡漾开来。

一个捡破烂的女人把废品卖掉后，骑着三轮车往回走。就在一条无人的小巷，一个歹徒窜了出来，用刀抵住了女人的前胸，他命令女人立即将身上的钱全部交出来。

女人吓傻了，站在那儿一动不动。歹徒见状，连忙四下里翻找着，终于他从女人的衣袋里搜出一个塑料袋，塑料袋里包着一沓钞票。歹徒拿着那沓钞票，转身就走。这时，女人似乎一下子就醒悟了过来，立即

扑上前去，劈手夺下了塑料袋。

歹徒慌了，连忙用刀对着女人，作势要捅她，威胁她放手。可是，女人仍旧紧紧地攥住装钱的袋子，死活不松手。终于，周围的居民被惊动了，人们闻声赶来，合力逮住了歹徒。女人站在一旁直打哆嗦，脸上冷汗直冒。

"不用害怕了。"大家安慰道。

"我好疼，我的手指被他掰断了。"女人说着抬起右手，人们这才发现，她右手的食指软绵绵地耷拉着。

宁可手指被掰断也不松手放开钱袋子，可见那袋钱的数目和分量。可是，当人们打开那个袋子时，顿时惊呆了：那袋子里全都是一毛和两毛的零钞，看样子最多也不过10块钱！为了这么点钱而断了手指，实在太不值得了！一时，众人哗然。

在民警的带领下，女人去医院包扎了伤口。女人似乎很着急的样子，包扎好伤口就离开了。

出了医院，女人就在一个水果摊前停了下来。她挑起了水果，而且挑得那么认真。她买了一个梨子、一个苹果、一个橘子、一个香蕉、一节甘蔗、一枚草莓，凡是水果摊儿上有的水果，她每样都挑一个。她花光了自己所有的钱，仅有的8块5毛钱。女人提了水果径直出了城，来到郊外的公墓。

在一座新墓前女人伫立良久。她默默地倚着墓碑，将袋子打开，口里不停地喃喃自语："儿啊，妈妈没办法治好你的病，原谅妈妈。你说你从来没吃过完好的水果，妈妈今天就给你买来了最新鲜的水果。你看，有橘子、有梨、有苹果，还有香蕉……都是好的，一点都没烂，是妈妈一个一个仔细挑过的，你吃吧……"

女人说完，将头靠在了墓碑上，脸上的微笑荡漾开来。

（佚名）

# 爱的心愿

　　母爱就是儿女病榻前的关切焦灼，母爱就是儿女成长的殷殷期盼。

　　汉纳是加拿大某地的一个小学生，那年他才 12 岁，但是早已品尝了生活的艰辛。快到母亲节了，他想给辛苦的妈妈买一件礼物。

　　那天，他从一家商店经过时，橱窗里的一件商品使他怦然心动。可是，看到标价，却让他傻了眼，这件商品标价五加元，这笔钱相当于他们全家人一周的开支。可是，这件东西实在太漂亮了。他忍不住被这件东西所吸引，汉纳推开这家商店的门走了进去。

　　"我想买橱窗内的那件商品，不过，我现在没有钱，请您先别卖，给我留着好吗？"汉纳小心地请求着。

　　"行。"店主是一个很和善的人，爽快地答应了。

　　汉纳很有礼貌地告别店主，走出了商店。

　　"我一定要赚到这五加元。"汉纳下了决心。

　　可是，如何赚到这五加元呢？汉纳低着头一边走路一边思考。突然从旁边一条小巷子里传来一阵敲打钉子的声音，汉纳寻声朝施工场地走去。当地居民正在盖自己的住房，他们每用完一小麻袋钉子，就顺手把装钉子的麻袋给扔了。

　　有家工厂回收这种袋子，如果搜集起来，岂不是就能赚到钱了？汉纳这样想着。想到这里，汉纳立即从这个工地捡了两条拿去卖了。在回家的路上，他的小手里一直紧紧拿着两枚五分硬币，生怕掉了。汉纳把两枚硬币放在铁盒里，藏在他家粮仓内的干草垛底下。

　　那以后，汉纳每天的生活过得充实辛苦。他每天下午放学后会先把

家庭作业做完，然后到大街小巷去捡装钉子的麻袋。尽管不时受到饥寒困乏地折磨，可购买橱窗内那件商品的强烈愿望始终激励着他，赋予他勇气和力量。

第二年五月的第二个星期天，汉纳把藏在粮仓草垛底下的小铁盒取出来，用发抖的手小心地将里面的硬币倒出来，仔细数了一遍。只差二十分就凑够五加元啦！于是，汉纳祈祷上帝保佑自己能在今天傍晚前捡到四条麻袋。这样他就凑够五加元了！

终于，小汉纳如愿以偿。夕阳逐渐西下时，他一溜烟儿赶到那家工厂。此时，负责回收麻袋的人正准备关闭厂门。

"先生，请您先别关门！"汉纳心急火燎地冲他喊道。

那人转过身来，对脏兮兮汗淋淋的小汉纳说："明天再来吧，孩子！"

"求求您啦，我今天说什么也得把这四个麻袋卖掉——我求求您啦！"耳闻孩子颤抖的哀求声，看着孩子满含泪水的双眼，这个人不禁动了恻隐之心。

就这样，汉纳拿到了那四枚五分硬币，他飞也似的跑回粮仓，取出铁盒儿。他拿起铁盒跑到了那家商店，立即将一百枚五分硬币倒在了柜台上。

终于，他如愿以偿买到了那件珍贵的东西。

"妈妈，请您赶快来这儿一下！"汉纳汗流浃背地跑回家，立即扯着嗓子朝正在收拾厨房的母亲喊道。母亲刚一走到他的眼前，他便迫不及待地将自己用一年多的心血换来的珍宝放在妈妈的手里。

妈妈轻轻打开包装纸，里面有一个蓝天鹅绒首饰盒，盒内放着一枚心形胸针，上面镶着两个灿烂炫目的镀金大字"妈妈"。

这一天是五月的第二个星期天，是母亲节。看到了儿子的礼物，母亲的热泪夺眶而出，一把将儿子紧紧搂在怀里。

(佚名)

# 洛马格那的血

人的本质都是善良的，没有天生的坏孩子，只能看他的成长道路。

那天晚上，费鲁乔家里格外冷清。经营杂货铺的父亲到城里进货去了，母亲因弟弟患眼疾，也带着他进城看医生去了，他们要到明天才回来。时间已近夜半，日间帮忙的女佣，也在天黑前回家去了。屋里只剩下腿脚瘫痪的老祖母和 13 岁的费鲁乔。

他的家是个单层小屋，坐落在离洛马格那镇约半里的马路边。旁边原来是间客栈，上月失火，都烧空了，没人居住，只剩下客栈的招牌。费鲁乔家屋的后面，是一个小花园，围着篱笆，有篱门出入。屋门就是店门，朝着马路。四周是寂寞的乡村——广阔的田野和桑树林。

已经接近夜半了，天又下雨又刮风。老祖母还没有睡，坐在饭厅里，饭厅和小花园中间隔着一个小过道间，里面摆着旧家具。大约 11 点钟光景，费鲁乔才拖着疲惫的脚步回来，他在外面已经逛了一整天了，祖母担惊受怕地等他。她经常是这样坐在安乐椅上，一动不动，坐到天亮，因为如果她躺下来，就会咳嗽。

外面风雨打着窗玻璃，费鲁乔身上都是泥水，衣服也撕破了，额上有被石块打的肿包。他今天又和一班伙伴赌小钱，赌输了又跟人家打架，连帽子都掉到河沟里去了。

饭厅里只有一盏小油灯，在墙角落里摇摇闪闪。祖母看见他回来十分狼狈，早已猜出几分，但还是要他供出究竟去做了些什么坏事。

祖母是疼爱着孙儿的，当她明白了他今天的行径以后，沉默了许久，才流着泪说："唉！你全不想着可怜的老祖母呢！趁你父母不在家，就使

我伤心。你在外边逛了一整天了，真没有良心呵！费鲁乔，当心！你真的走入歧途了。这样下去，只会有悲惨结局的。我见过许多像你这样的人，都没有好下场。如果你避开家里，到外面学赌博，学打架，长大了就会变成恶棍的。你现在不好好读书，整天在外面游荡，花钱，打架，甚至扔石块、动刀子，就会从赌棍变成恶棍，将来就会由恶棍变成强盗呢！"

费鲁乔站在不远的壁柜旁低头沉思，刚才打架的气还没有消。他还是长得很好看的，栗色的头发柔顺地覆盖着额角，碧蓝的眼睛一动不动。

"由恶棍变成强盗呢！"祖母抽泣着说，"费鲁乔，你看那乡里打浪荡的维多？莫佐尼吧，不过是24岁，就已经进了两次监牢。他的母亲终于被他气死了，我知道她。他的父亲对他已经绝望，丢下他跑到瑞士去了。你父亲见了他也是不屑和他打招呼的。你想想那个恶汉吧，整天和他的狐群狗党在附近为非作歹，将来还是要进监牢的，他从小我就知道他，他那时也和你现在差不多。你想想，你要把你的父母也气死吧！"

费鲁乔静静地听着。他的心还是好的，并不是像祖母所说的那样。他跟人家打架，不过是由于一时义愤，大胆而不是邪恶。他父亲有时也太宽纵他，知道自己的儿子有个善良的本质，小事情往往不计较，而是让他去作出正确的判断。这孩子的品质不坏，但很倔强，即使心里知道错了，要他嘴里说"我知道错了，下次不这样了，请原谅"这样的话，也是很难的。有时他心里虽然充满柔和的感情，但他的自尊自傲心却使他不轻易表露出来。

"费鲁乔！"祖母见孙儿低头不说话，继续喃喃地说："你连一句忏悔的话都不说吗？疾病已经把我折磨到这个样子，你不要再来折磨我吧！我是你父亲的母亲，已经是快死的人了，我曾经怎样地爱过你呵！当你还是几个月大的时候；每天晚上给你唱摇篮曲，有好吃的东西自己总舍不得吃留给你，你知道吗？我常说，这孩子是我的安慰呢！现在你却真的要把我杀了呢！反正我已经没有多少时间了，只是你，来日方长。但愿我能看到你成为一个有出息的听话的好孩子，像我以前带你上教堂大祈祷时那样乖，你还记得吗？费鲁乔！那时你把采来的野花野草塞满我的手袋。我抱着你回家、你很快就睡了。那时，你很爱我，很听我的活。

我现在是个瘫痪了的人，我需要你的关心就像呼吸需要空气一样，一个半死的人，除了你以外还有什么希望呢？"费鲁乔听了祖母一番呕心沥血的话，正想走上前去，请求祖母的宽恕，忽然听见隔壁小套间朝着花园的门有轻微的响动。不知道是风吹门窗呢，还是什么。

费鲁乔侧着耳朵听，外面是风声夹着雨声，门又响起来了。祖母也听见了。

"那是什么声响？"祖母担心地问。

"大概是雨吧！"费鲁乔喃喃地说。

老人拭着眼泪说："那么，费鲁乔！你答应我今后争气，别再让我为你担心呵！"

那声音又响起来了，老人吓得脸色苍白，大声说："我听不像是雨声呢！你去看看！"随即又拉着孙儿的手说："你别去！"

两人屏息听着，耳边只有哗哗的雨声。

隔壁好像有脚步声。祖孙二人心里颤抖了一下，费鲁乔鼓起勇气叫道："是谁？"

没有人回答。再叫一声："是谁？"他不禁打了一个冷战。

突然，两人恐惧地尖叫了一声。只见两个蒙面贼从小套间窜进来，一个一手抓住他的衣领，一手捂住他的嘴巴，另一个卡住老祖母的脖子。

"别出声！你叫就没有命啦！"一个说。

"不许动！"另一个举起短刀。四个人都不出声，只听得淅淅沥沥的雨声。老祖母喉头咯咯作响，眼珠几乎要爆裂出来。

抓住费鲁乔的那个在他耳旁低声地问："你老子的钱放在哪里？"

费鲁乔牙齿上下打战，害怕地说："在那边——柜子里。"一边用手指着。

"跟我来！"那人紧紧抓着费鲁乔，到店堂里找到了钱柜。他怕费鲁乔逃走和叫喊，用腿夹住他的脖子，嘴里咬着尖刀，一手擎着油灯，一手从衣袋里拿出一支铁钉去试着开锁。柜子终于被打开了，贼人把柜子一阵乱翻，把钱塞进口袋。好像还不满足，又翻找了一遍。这才卡着费鲁乔的脖子回到厨房里来。另外那个贼人还死死地把老祖母按住，老祖母张开嘴挣扎着。

"钱找到没有？"一个贼低声地问。

"找到了。"同伙回答说。"看后门有人不?"

那个贼跑到花园门口张望了一下,回来压低声音说:"走吧!"

他们把尖刀在祖孙两人眼前晃了一晃说:"莫作声!如果敢喊就割断你们的喉!"

这时,外面传来许多人在马路上唱歌的声音。一个贼人很快把头转向门外去看,就在这一瞬间,那个贼人的面罩掉了下来。

老祖母惊叫一声说:"是莫佐厄呵!"

"老不死的,去你的吧!"强盗知道他被认出来了,便顿起杀机,跳起来,举刀扑过去,老人立时被吓倒了。凶手猛力一击。费鲁乔不顾一切,大叫一声扑到祖母身上。强盗抽出短刀逃走,绊倒了桌子,打翻了油灯,满屋漆黑。

费鲁乔慢慢从祖母身上爬下来,跪在地上,两手抱着祖母,把头偎在祖母怀里。

过了好长时间,周围一片黑暗,农民的歌声已经远去。祖母恢复了知觉,牙齿咯咯地打战,用几乎听不清的声音叫了一声"费鲁乔!"

"嗯!奶奶!"费鲁乔答。

老祖母浑身打战,停了一会才说:"那两个强盗走了吧?"

"走了!"

"他们没有把我杀死呢!"老祖母用压抑的声音喃喃地说。"没有,你是平安的。"费鲁乔低声地说。"奶奶,你是平安的。那强盗把钱拿走了,但是,父亲把大部分钱都带走了。"祖母深深地吁了一口气。

"奶奶!"费鲁乔跪着紧贴着祖母说:"你爱我吗?"

"呵!费鲁乔!我可爱的小孙儿!"祖母爱抚着他的头发。

"你受惊了吧?呵!仁慈的上帝!把灯点亮吧——不!还是不点的好,我还是害怕。"

"奶奶!我常使你伤心吧?"费鲁乔说。

"不!费鲁乔!别再说那样的话了,你的过失我早已不去想它了,我只是爱你。"

"我常常使你伤心,但我是爱着奶奶的,饶恕我的一切吧?"费鲁乔呼吸困难,声音颤抖地说。

"是的，我从心底原谅你了！我再不向你唠唠叨叨了，你多好呀！快起来点上灯吧，让我们拿出勇气来，起来吧！费鲁乔！"

"奶奶！谢谢你的宽恕。"费鲁乔的声音越来越低沉了。"现在——我很快活。奶奶，你不会忘了我吧？"

"呵！费鲁乔！你说什么？"祖母发觉孙儿的声音变了，拼命摇着他，惊叫起来，想看看他的脸。

"记住我！替我亲吻爸爸、妈妈，还有小弟弟。永别了！奶奶！"那声音越来越低沉下去了。

"天哪！你怎么了？"老祖母尖叫起来，她发现费鲁乔的头垂在她膝前，已经无力说话。她拼命大喊："费鲁乔！我的宝贝！我的天使！快来人呀！"

可是，费鲁乔却再也不会回答了。

这小英雄，奶奶的救星，背上被尖刀刺穿，他那圣洁的灵魂已和上帝在一起了。

（佚名）

# 最为纯洁的父爱

如果这份情让你热泪盈眶，请记下你心中的感动，用一辈子的爱去回报。

有一个男孩考上了高中，是寄宿制的。他的家里经济条件不怎么宽裕，可他的父亲对他寄予厚望，省吃俭用供他上学。可他和他这个年龄的很多孩子一样，对家庭对父母还没有多少责任感，并不把父亲地付出当做一回事。他不用功学习，还经常晚上约同学在寝室里偷偷地打麻将。

有一个周末，本该是儿子回家的日子。他打电话给父亲，谎称要准

备考试，不回家了，要在寝室里抓紧复习功课。

父亲信以为真，心疼儿子学习如此辛苦，考虑到复习迎考消耗较大，为了给孩子"补营养"，那天父亲在家里特意烧了好多菜，然后换乘了好几趟公交车，花了几个小时，汗流浃背地赶往学校。可此刻，儿子在寝室里玩兴正浓，与几个同学正在"哗哗"地搓着麻将。

突然，传来一阵轻轻地敲门声，他们手忙脚乱地把麻将藏起来，然后慢腾腾地开门。打开房门，儿子看到父亲气喘吁吁地站在自己的面前，父亲那微抖的手里拎着一大包东西。"爸爸，你怎么来了？"儿子惊奇地问道。父亲微微一笑："你说你要大考了，我不放心你那单薄的身子，炒了几个菜，给你送来。我不进屋打扰你们了，你就自己拿进去吧，趁菜还有点热，你让同学也都吃点儿。我走了。"父亲说完，转身消失在寝室外面的黑暗之中。儿子和身后的同学都愣住了。儿子的内心深处似乎被猛击了一掌，他久久地站立在那里，眼眶里的热泪禁不住淌了下来。他被父爱震撼了，觉得自己有愧于父亲，自己竟用谎言来蒙骗那样爱他疼他的父亲。他醒悟了，感到绝不能再这样稀里糊涂地混日子，一定要用刻苦学习的行动来报答父亲的关爱。

男孩刻苦学习，一年后，如愿以偿地考上了重点大学。

（佚名）

# 老人的一只箱子

盒子底下刻着一行字：你们也有孩子，将来也要做父母。

有位老人自己独居。

老人曾是个裁缝，一生辛辛苦苦，但没有积攒下一分钱。如今，他上了

年岁无法再做活计，捏不住一根针，缝不直一个针脚。老人只得寄希望于三个儿子养活自己。可是，三个儿子全都已经成家，忙着谋生度日，对老人一直很少过问。

老人知道，儿子们都不想要他这个累赘。他彻夜无眠，担忧自己如何度日，终于他想出了个计划。第二天，他请求木匠给他做了个木箱，然后又跟锁匠要了把旧锁。最后，他将一大块玻璃打碎，将碎片全部装进了木箱里。

老人把箱子锁紧，放在了饭桌底下。

一天，三个儿子一起来吃饭，脚碰到了箱子上。

"这盒子里装的什么呀？"儿子们问。

"噢，什么也不是，"老人回答，"只是我攒下的东西。"

儿子们连忙碰了碰那箱子，听见里面发出哗啦啦地声响。

"里面肯定装满了老头子这些年积攒的金子。"他们彼此嘀咕着。

为了得到这笔财产，几个儿子决定轮番同老人住在一起，照顾他。就这样，他们轮番照顾了老人整整六年。

六年后，老人生病死了，儿子们给他办了一个很体面的葬礼。他们知道桌子底下有一笔财产，挥霍一些也无所谓。丧事过后，他们满屋子搜寻，终于找到了箱子钥匙，打开一看全傻了眼：里面全是碎玻璃。

"多讨厌的把戏！"大儿子喊道，"对你儿子做这样卑劣的事！"

"他不这么做又能怎么样呢？要不是这个盒子，我们可能直到他死也不会关心他。"

二儿子有些伤心。

听了二哥的话，小儿子羞愧地哭了起来。

大儿子仍旧有些不甘心，他把箱子翻了个遍，倒出了所有的碎玻璃。三个儿子望着箱子惊呆了，盒子底下刻着一行字：你们也有孩子，将来也要做父母。

（佚名）

55

# 爱的养料

那沉默之中所蕴含的是热切的鼓励，狠狠的鞭策和殷殷的期望。

一个小男孩因患脊髓灰质炎，留下了瘸腿和参差不齐且突出的牙齿，这让他认为自己是世界上最不幸的孩子。他很少与同学们游戏或玩耍，老师叫他回答问题时，他也总是低着头一言不发。

有一年的春天，小男孩的父亲从邻居家讨了一些树苗，他想把它们栽在房前。他叫他的孩子们每人栽一棵。父亲对孩子们说，谁栽的树苗长得最好，就给谁买一件最喜欢的礼物。小男孩也想得到父亲的礼物，但看到兄妹们蹦蹦跳跳提水浇树的身影，不知怎么地，萌生出一种阴冷地想法：希望自己栽的那棵树早点死去。因此浇过一两次水后，再也没去搭理它。

几天后，小男孩再去看他种的那棵树时，惊奇地发现它不仅没有枯萎，而且还长出了几片新叶子。与兄妹们种的树相比，显得更嫩绿、更有生气。父亲兑现了他的诺言，为小男孩买了一件他最喜欢的礼物。并对他说，从他栽的树来看，他长大后一定能成为一名出色的植物学家。

从那以后，小男孩慢慢变得乐观向上起来。

一天晚上，小男孩躺在床上睡不着，看着窗外那明亮皎洁的月光，忽然想起生物老师曾说过的话：植物一般都在晚上生长，何不去看看自己种的那颗小树。当他轻手轻脚来到院子里时，却看见父亲在用勺子向自己栽种的那棵树下泼洒着什么。顿时，他一切都明白了，原来父亲一直在偷偷地为自己栽种的那颗小树施肥！他返回房间，任凭泪水肆意地奔流……

几十年过去了，那瘸腿的小男孩虽然没有成为一名植物学家，但他却成为了美国总统，他的名字叫富兰克林·罗斯福。

（佚名）

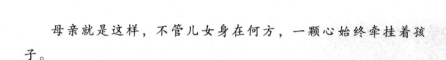

# 女儿长成苹果树

　　　　母亲就是这样，不管儿女身在何方，一颗心始终牵挂着孩子。

　　我曾爱穿运动式的服装，喜欢卷起夹克衫的袖子，剪着款式利索、简洁的头发。总之那时我是一个完全受尊敬的亲爱的妈咪，女儿崇拜我。

　　可是现在一切全变了，并不是因为我的穿着或是发式变了，主要是女儿的原因，她已从一个小女孩长成一个 16 岁的大姑娘了。

　　我第一次发现情况不妙是那次我带女儿去商场买东西。女儿甩下我，头也不回地往前走，嘴里嚷着："她怎么这样？她怎么这样？"好像是我犯了一个天大的错儿，好像我跟一商场的人说她要买新内衣了。其实，我只不过隔着两个柜台向她喊："喂，我在女内衣部等你！"

　　我真没想到这样做算得上什么，但是让我提醒你，对一个少女来说，买内衣的确是件举足轻重的事情，一件非常非常重要的事情。

　　从来没有人告诉过我这些，也从没有人告诉我做妈妈的千万不要到学校的校车车站去接孩子。那是阿丽森上初中的头一天，我兴高采烈地带着阿丽森的小妹拉瑞到车站去接她，这是我的头一个错误；我向那徐徐开过来的校车招了招手，没想到那是我犯的第二个错误；而我最糟糕的是冲她喊了她的小名——小黑。我告诉你，我已向她保证过，我再也不会当众叫她小名了。

阿丽森从校车上下来，扭过脸根本不理睬我就朝家走。我自言自语："她怎么啦？她怎么这样？"

"如果你已经像我这么大了，外婆还在汽车站去接你，你会怎样？"一进家门，她就冲着我叫道。还像只小猫似的龇牙咧嘴。我耸耸肩，我妈？在车站？哦，我想象不出，"但我不会像你这样，"我对她说，"我是一个尊敬长者的人。"女儿看着我，向我翻了个白眼，鼻子里"哼"了一声，我心里明白，我已经不再是女儿心中崇拜、尊敬的保护神了。我的毛病还有一堆，比如学校运动会上，我告诉女儿喜欢的那男孩的母亲（当着阿丽森的面）说那男孩长得很像片。还有一次，我在一家旧货商店的购物单上签下了她的名字。

有一天，我穿着浴衣开车跑到快餐店外卖处买了份晚餐。当时天已经黑了，没有人能看见我穿的是什么，可是我一到家，阿丽森就一个劲儿地数落我，指控我损害了她的形象。

最近，我得到许多成为受人爱戴的母亲的建议，这些宝贵的建议是我用可乐和炸土豆条从一群初中小女生那儿换来的——

第一条，善待女儿的朋友，但不要向她们提问题，她们在场的时候你千万不能唱歌，更不能跳舞。

第二条，千万不能当众谈私人琐事。径直去女内衣部给女儿买内衣，一定不要对售货小姐说那是给谁买的；安全系数还要有保证，即在离家至少50里外的商店购买这类衣物。

第三条，千万不要用当前的流行语，甚至对于一些事物用此语描述再贴切不过也不能说。她会觉得你粗俗不堪的。

第四条，给女儿准备一个衣柜，装满她喜欢的衣服，但你可不能穿，因为那样看起来你想仿效她。

第五条，当她问起对她的发型、体重、脸型或小青春痘的看法时，不要说我是你妈，不管怎样我都会爱你之类的话，她会认为你愚蠢，在她需要指导的时候你却给她甜言蜜语。

第六条，在车里千万不要向窗外的人招手，看见女儿认识的人不要绕着走开而要迎上去。

恐怕我还要告诉你，即使你照着以上 6 条去做的话也难确保你在她心目中的位置稳固不变，女儿长大了，做妈妈的已不像以前那么神圣了。

（佚名）

# 朱利亚的秘密

当父亲因为疼惜儿子，彻夜不眠地守在儿子身边直到天亮，阳光照在他的满头白发之上，这同样是一幅美丽的画面……

朱利亚是小学五年级学生，12 岁，黑黑的头发，白白的脸孔，是个漂亮的孩子。他的父亲是铁路职员，子女多，全家都靠他一点微薄的工资过着清苦的日子。他父亲觉得子女多虽是累赘，却把希望寄托在他们身上，特别是对朱利亚这个大儿子，几乎是要什么就给什么。但对他在学校的功课，却督促得很严。这是因为希望他从学校毕业后，能找到一个较好的工作，使全家生活过得好些。

父亲年纪大了，过多的操劳使他更显得衰老。他白天在铁路工作，晚上还从外面接了文件来抄写，每天要写到很晚才休息。近来，某杂志社托他书写把杂志寄给订户的封套，每 500 只酬金三个里拉，字体要写得很端正。这工作的确很不容易。老人常在吃饭时向家人说起："我的眼力似乎越来越不行了。做这夜工，连生命都要贴进去呢！"一天，朱利亚对父亲说："爸，我试试替你抄写吧。我的字也像你写的一样端正呢！"

"不行！你的任务是认真学习，你的功课比我写封套不知要重要多少倍呵！哪怕是剥夺你一小时的学习时间，我心里也过不去的。我感谢你的好意，但我不希望你替我抄写。以后不要再提这件事了。"

朱利亚知道父亲的脾气，也不和他争执，只暗地里想办法。

　　每天晚上 12 点钟敲过，就听见父亲移动椅子的声音，接着就听见父亲回房睡觉的脚步声。一天晚上，朱利亚等父亲睡下以后，悄悄起来穿好衣服，蹑手蹑脚走到父亲书房里，关上房门，点亮油灯，桌面上放着一叠空白的封套和杂志订户的名册，朱利亚就仿着父亲的笔迹开始抄写，心里既高兴又害怕。写了好久，封套渐积渐多，他放下笔搓搓手，又继续写下去，一面写，一面侧着耳朵听。一口气写了 160 只，赚到 1 个里拉了，才把笔放回原处，熄了灯，轻轻地回房睡觉。

　　他的父亲每晚都按着钟点机械地抄写，一面还想着其他事情，总要到第二天才数他抄了多少，所以，并没有发觉朱利亚代抄的事。

　　第二天中午，父亲很高兴地拍着朱利亚的肩膀说："喂！朱利亚！你父亲还没有像你心目中的那样老哩！昨天晚上写了两个小时，比平常多写了三分之一。我的手指还不太累，眼睛也还好使呢！"朱利亚听了虽没有说什么，心里却很快活。他想：可怜的父亲，我除了能帮他挣钱以外，还能使他高兴地以为他还没有老哩！好！以后就帮他写下去吧！

　　在这样的想法鼓舞下，第二天晚上，钟敲 12 点以后，朱利亚仍旧起来抄写。这样过了几天，父亲还是没有察觉，只是在一天晚餐的时候说："真奇怪！近来灯油忽然多用了不少！"

　　朱利亚吃了一惊。幸好父亲再没有说什么。那天晚上，他还是接着抄写下去。

　　但是，朱利亚由于每天熬夜，睡眠不足，结果早上总是不想起床，晚上复习功课总打瞌睡。有一晚，朱利亚竟平生第一次伏在桌子上睡着了。"喂！起来！起来做作业啦！"父亲拍着他的肩膀叫醒他。朱利亚张开眼睛，看见父亲站在面前，很不好意思地低头继续学习。可是，连续几晚复习时，他都要打盹或睡觉，平时也总是带着倦容，好像很累似的。父亲开始注意他了，严肃地提醒他。终于，向来和颜悦色的父亲也忍不住动了气："朱利亚！我真不能容忍了！你简直变成另一个人了。你要记住，全家的希望都寄托在你身上。我很不满意你近来的表现，你懂吗？"

　　朱利亚有生以来没有受过父亲这样的责备，心里很难过。他暗地里说："真的，再不能这样下去了，到此为止吧！"

那天，晚餐桌上父亲很高兴地宣布："你们知道吗？这个月比上个月多挣了32个里拉呢！"一面从抽屉里拿出一袋糖果，说是买来庆祝的。弟妹们都拍手欢呼起来，津津有味地吃着很久没有吃过的糖果。朱利亚心里受到很大的鼓舞，心里想："呵！可怜的爸爸！我还是不能不瞒着你，白天多用点功，晚上还是要继续干，为了你，也为了全家。"

父亲又压低声音说："32个里拉虽然很好，可是，朱利亚，我觉得对你实在没有办法了。"朱利亚忍住快要迸出来的眼泪，默默地承受着责备，但他心里还是高兴的。

从此以后，他还是尽力工作着。可是，疲劳却变本加厉地缠着他。这样又过了两个月，父亲的眼色更可怕了。

有一天，父亲到学校去找级任老师问个究竟，老师说："他的成绩还是过得去，因为他的天资还是聪明的。可是，他没有以前用功了，上课时总是打呵欠想睡觉，思想不集中，叫他作文，只是短短地写了一点就交卷，字也写得潦草了。他本来是可以做得更好的。"

那天晚上，父亲把朱利亚叫来，用更严厉的态度对他说："朱利亚！你知道我为了养活全家是在怎样拼命地干哪！可是，你的学习竟这样令我失望，你对得起我吗？对得起你的母亲和弟妹吗？"

"呵！不！爸爸，请不要这样说。"朱利亚噙着眼泪说，他正想把两个多月来的经过和盘托出，父亲拦住他的话头说："你应该知道家里的情况，一家人要省吃俭用才能维持下去。我不是那样努力做着双份的工作吗？这个月本来指望铁路局发下100里拉奖金的，今天才知道，这笔奖金不发了。"

朱利亚听了，又把刚才要说的话咽下去，自己心里说："还是不要说的好，继续暗中帮助父亲工作吧！对不起他的地方，从别处去补偿吧！学校的功课一定要及格，非升级不可！但现在最主要的是帮助父亲，养活全家，必须全力减轻父亲的负担。"

又过了两个月。儿子这边更拼命地干，父亲那边却更严厉地责备。最令人痛心的是，父亲的态度日渐冷淡。他认为这个儿子已不可救药，没有指望了。从此不再和他说话，甚至不愿意见到他。朱利亚心里十分

痛苦，有时从后面望着父亲伛偻的背影，几乎要扑过去跪在父亲面前请求宽恕。悲哀和疲倦折磨得他脸色苍白，学校功课也越来越赶不上了。他自己也知道非停止夜工不可，每晚睡觉的时候，常对自己说："从今晚起，真的不再起来抄写了。"可是，一到12点钟父亲就寝以后，刚下的决心又动摇了，好像如果不起来抄写，就是放弃了自己对家庭的责任，就是偷用了家里1个里拉的钱。他想，父亲总有一天会发现的，或者在检数封套的时候会认出他的笔迹来，那时，父亲便会原谅的。因此，他还是每晚起来抄写。

有一天晚餐的时候，母亲发现朱利亚的脸色更加苍白了，便关心地说："朱利亚，你有病是吧？脸色多不好呵！孩子，你觉得哪里不舒服呀？"说着，又忧虑地看着丈夫，要他想办法关心一下。

父亲向朱利亚瞟了一眼说："即使有病也是他自作自受，他以前做好学生和好孩子的时候，并不是这样的。"

"但是，他真是有病了！"母亲叹口气争辩说。

"我早已不管他了。"

朱利亚听了，心里像刀割一样地痛苦。"父亲竟不管我了，以前我偶一咳嗽就问长问短的父亲，现在已不理我了。呵！毫无疑问，我在父亲心目中已经死了。父亲，我没有你的爱是活不下去的，我说出来吧，不再瞒你了。只要能重新得到你的爱，我一定要比从前加倍努力的，这次可真要下决心了！"

可是，晚上由于习惯的力量已超过他的决心，他还是按时起来了，想在这静夜中向在其中秘密工作了几个月的小房间作最后的告别。他点上灯，看见小桌上空白的封套和那些熟悉的人名、地址，心想从此再也不写了，但又感到难舍难分，便又坐下来开始写。一不小心，把一本书碰落在地，这时满身的血好像突然集中到心脏里来：如果父亲被惊醒了怎么办？当然这不是做什么坏事，自己早就想告诉父亲的；但是，如果这黑夜中传出的声音把父亲惊醒，他起来发现了我，母亲也会惊醒，那么，父亲将会为几个月来对我的愤怒和失望，感到怎样懊悔和惭愧呵！他这样想着，竟有点不安起来了。他侧着耳朵，屏住呼吸静听。没有什么声响，家人都在静静地睡觉，心里这才镇定下来，继续抄写。封套一张接一张地堆积起来。不时，门外传来警察有节奏的皮靴声，还有"隆隆"通过又渐渐远去的马车声，一会又有一列火车通过的轧轧声。响过以后，一切又归于寂静，只是有时远处传来几声犬吠。他还是聚精会神地抄写着。

其实，父亲早已站在他背后了。刚才，父亲被书册掉地的声音惊醒了，已起来好一阵，只是那马车、火车通过的声音，把父亲的脚步声和开门声掩盖了。这时，父亲白发苍苍的头俯在朱利亚黑头发上面，看那钢笔尖在纸上飞速地移动。父亲对几个月来发生的种种事情完全明白了，一种懊悔同时又无限怜悯的情感占据了他的心，使他钉在儿子背后，一动不动。

朱利亚忽然觉得有一双颤抖着的手臂抱住他的头，不禁"呀！"的一声惊叫起来。他听到父亲哭泣的声音，转过身来抱着父亲说："爸爸！原谅我！请您原谅我！"

父亲含泪吻着他的额头说："孩子！你原谅我吧！一切都明白了，真对不起你！来吧！"说着，扶着儿子走到母亲床前。

"你吻吻我们的小天使吧！可怜的孩子，三四个月来，他竟暗地里为全家挣面包，而我却一味责骂他呢！"

母亲起来把朱利亚紧紧抱在怀里，说："宝贝！快去睡吧！快去睡吧！"又向父亲说："你陪他去睡吧！"

父亲陪他到卧室里，替他放好枕头，盖上被子。朱利亚说："爸爸，谢谢你！你也睡吧，我已经很满足了。"

可是，父亲还是拉着儿子的手，伏在床边说："睡吧！睡吧！我的孩子！"

朱利亚因为疲劳过度，很快就睡着了；几个月来没有好好地睡过一晚，竟做了许多快乐的梦。当他睁开眼睛时，太阳照满了一屋子，他发现满头白发的父亲就靠在床边。原来，父亲把头贴近儿子的胸前，就在床边睡着了。

（佚名）

# 不到一天大

　　乐观是我们追求的一种态度，积极乐观的人生态度，有时候比什么都重要。

　　维尔玛·丹尼尔曾经前往阿拉斯加拜访过几个爱斯基摩人，爱斯基摩人对生活的看法让她感慨良久。她根据此次经历还写了一本《欢庆快乐》的书，书中她告诉人们一种另类的生活方式：把今天当做是你余生的第一天。

　　"你们今年多大？"丹尼尔礼貌地问。

　　"我不知道，我也不在乎。"他们中的一个这样回答道。

　　"那你们呢？"丹尼尔把目光转向了其他人。

　　"不到一天，就这样了。"另外几个爱斯基摩人答道。

　　"不到多少？"丹尼尔有些不相信自己的耳朵。

　　"不到一天。"一个人再次回答。

　　"为什么这样回答？"丹尼尔需要找到答案。

　　"没有哪个爱斯基摩人能活过一天，因为我们相信，到晚上入睡时我们就已经死了，对世界来说我们已经是死去的人了。"其中一个爱斯基摩人回答，"这样，当我们在清晨醒来时，我们才得以重新复活，获得新生。"

　　丹尼尔听到这句话，惊得说不出话来。

　　也许是看出了丹尼尔的惊异，另外一个爱斯基摩人开口解释了起来："在北极圈，生存条件是超乎寻常的残酷，生存是我们每一个人主要的奋斗目标。为了能让自己快乐的生活，我们学会了每次只面对一天，所以你永远看不到一个面带担忧焦虑的爱斯基摩人。"

　　这就是爱斯基摩人说他们不到一天大的原因。因为那天还没有结束，而接下来的一天，则是他们新生的第一天。

（佚名）

# 第三辑  别用杯子盛装痛苦

人生有快乐，也有烦恼。不同的是有的人快乐多于烦恼，有的人烦恼多于快乐。快乐的人不是没有烦恼，而是善于排除烦恼，让自己尽可能保持乐观快乐的心情。所以说，快乐是可以自己掌控的。

诗人胡德曾经说过这样一句话："即使到了我生命的最后一天，我都要像太阳一样，总是面对着事物光明的一面。"一语道破天机。一个人是否快乐不取决于外物，而缘于你自己。你对自己的态度，恰恰就决定了你是否快乐。所以，抛弃悲观消极的情绪，积极乐观一些。大胆地做快乐的主人吧！

# 父亲的消防站

　　　　用心体会那些藏在生活中的不被我们发现的爱，珍惜它，
尊重它。

　　每当我经过消防站，看到红色的救火车、长长的消防水管、消防队员的大号胶靴以及钢盔，就会使我回忆起童年时代，回忆起父亲为之工作了 35 个春秋的那个消防站。

　　一天，爸爸让我和哥哥杰伊从消防站光亮的直杆上往下滑，爸爸说："抓紧!"然后开始快速推我下滑，直到我感到头晕为止。这比游乐场的滑梯要好玩多了。

　　那里还有一台生产苏打汽水的老式机器，当时，一瓶苏打可乐要 10 美分，因此，能喝杯苏打汽水是最令我渴望的事情。10 岁那年，我带着两个朋友到消防站去玩，我问爸爸能不能给我们每人买一瓶汽水，他说："好吧。"我觉察到爸爸声音中有一丝地犹豫。他给了我们每人 10 美分，我们奔跑到汽水出售机前，都想看看谁买的汽水瓶盖上印着一个星星图案。

　　多么幸运! 我的瓶盖上有颗星。喝完汽水，我们谢过父亲之后便回家吃午饭，下午又去游泳了。

　　当我回到家的时候，我听到父母正在谈话。妈妈向爸爸发火说："你应该告诉他们，你没钱给他们买汽水，布赖恩会理解的。我们没有多余的钱，你们需要的是吃午饭。"爸爸像以往那样耸了耸肩。

　　我跑回房间，拿出了这枚瓶盖要与其他 7 枚放在一起时，我突然意识到父亲为了这个小瓶盖付出了多大的牺牲。那天晚上，我暗下决心:

总有一天，我要告诉爸爸，我知道那天下午以及在过去许许多多的日子里，他为我们所做的牺牲，对此我永远不会忘记。在以后的 20 年中，父亲为了养活我们一家九口，一人干三份工作，不幸积劳成疾。他犯了四次心脏病，最后不得不戴上了心脏起搏器。

　　一天下午，爸爸让我开车送他去医院，因为他的车坏了。当我到达消防站时，看见爸爸与同事们正围在一起观看一辆新牌子的卡车。这辆车真漂亮，我也禁不住赞叹道爸爸说："有朝一日，我也要拥有这么一辆车。"

　　这一直是他梦寐以求的，但似乎又是不可企及的。那时，我与几个兄弟都曾打算给爸爸买一辆新车，但被他拒绝了。他说："如果这车不是我自己买的，我就不会觉得车是我的。"

　　当爸爸检查完身体、从诊室里走出来时，他面色苍白，"咱们走吧。"他只说了这短短的一句话。

　　在返回消防站的路上，我们相互沉默着。我们开车路过了我们家的老房子、球场、小湖和商店，爸爸讲述着在这些地方曾发生过的往事。

　　这使我明白了他正走向死亡。

　　他看着我点了点头。

　　一切都清楚了。

　　我们在一家冰淇淋店停了下来，一起吃了冰激凌卷，这是最近 15 年来的第一次。我们倾心交谈，他告诉我，他为我们而自豪，他不惧怕死亡，唯一担心的是抛下我母亲一人而去。再也没有任何一个男人像父亲那样爱自己的妻子了。

　　他让我保证绝不把他的病情告诉任何人，我答应了。同时我认识到，这是我遇到的最难保守的秘密。

　　那时，我和妻子正打算买一辆汽车，我们邀父亲同去。走进商店销售大厅，我便与售货员谈起来，我注意到父亲盯着一辆棕色的小货车，他用手抚摩着，就像一位雕塑家在检查他的作品。"

　　在我的建议下，我们开着这辆棕色车出去兜了 10 分钟，真是惬意极了。回到商店，我选定了一辆适合我上班使用的蓝色小汽车。

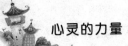

几天后，我又邀父亲一起去商店取车。一进院子，就看见我那辆蓝车停在那儿，车身上贴上了"售出"的标签。旁边便是那辆棕车，已被擦得干干净净，闪闪发光，车窗上也贴着很大的"售出"字样。

我瞥见父亲脸上那沮丧的表情，他嘟哝道："漂亮的车被人买走了。"

我点了点头，然后说："爸爸，您进屋去告诉售货员，我把我这辆车停好就回来。"当父亲走过棕色车时，我看到失望的神情再次在他脸上闪过。当我把蓝车开到远一点的地方停车时，我透过销售厅的玻璃窗，注视着这位为家庭舍弃了一切的人。我看见售货员让父亲坐下，递上了一串车钥匙一棕色车的钥匙——并告诉他，这是我送给他的，这是我们之间的秘密。

父亲回头朝窗外望去，我们的视线相逢了，彼此颔首微笑。

那天晚上，当父亲把车开进家门时，我已在屋外等候。父亲从车里出来，我上前紧紧拥抱并亲吻了他，同时告诉他，我是多么爱他！

那天晚上，我们又一起开车出去，爸爸告诉我，他明白这辆车的意义。那么与这辆车密切相关的那枚印着星星的汽水瓶盖的含义又是什么呢？

（佚名）

# 观念的力量

有力量的人，才能够培养他人；有慧眼的人，才能在表现背后看重他人的本质；心中有光明有坚定有信念的人，才容易看到别人的光明和发展的空间。

韩非子讲过这样一个故事。

一个姑娘就要出嫁了，有一个能人对姑娘的父母说："女儿出嫁后，

在婆家不一定就能生一个儿子。生不了儿子，在这个重男轻女的社会，就永远不会有地位，就有被婆家赶出来的可能。所以平日应该让她从婆家多偷些衣物、器具等藏在外面，以防将来出问题，生活也有个着落。"

姑娘的父母觉得能人说得很有道理，便经常嘱咐女儿要为自己藏些私房钱，把婆家的一些东西拿回娘家。过了不久，姑娘的公婆发现了这件事，经常责备她。可是，公婆越是责备，这位姑娘就感觉到自己被休的危险性越大，反而变本加厉。

最后，她的公婆没有办法，觉得媳妇根本就是外姓人，不和自己家一心过。就对儿子说："做了我家的媳妇，却又生外心，这样的媳妇不能要。"父母之命不能不从，儿子只好把她休回了娘家。

这样的结果，让姑娘的父母更加佩服那个给自己出主意的能人有远见，并把女儿被休的事告诉了他，感谢他的忠告。

不用多说，作为旁观者都可以看出来，这位姑娘被休的真正原因，是因为那个人的预言导致她的所作所为背离了"媳妇"的行为标准，进而形成一种恶性循环，由量变到质变，最终被休的。

美国管理心理学家史华兹曾经说："所有的'不幸事件'，都只有在我们认为它不幸的情况下，才会真正成为不幸事件。"他的话，可以说是对上面这个故事准确而精彩的总结。

还有一个相反的例子。

瑞典发明家奥莱夫的父母是伐姆兰省乡下最贫苦的佃农。他出生的时候，家里最值钱的财产就是一支鸟枪和三只鹅。当时，有一位身着华丽衣服的亲戚抱着自己的儿子，讥笑他的父母："你看你们的儿子，长的那个穷酸样儿，命中注定永远只能做一个看鹅的穷鬼！"

奥莱夫的父亲听后，没有生气，笑了笑回答道："不，你说的不对！我们的奥莱夫将来一定是国家的栋梁。只需20年的时间，他就可以雇你的儿子当马夫。"

从奥莱夫刚刚懂事时起，父亲就帮助他把自己的人生目标定位为国家的栋梁，并时时刻刻都向着这个目标努力。

上中学时，奥莱夫在作文里写下了这样的豪言壮语："奥莱夫将来一定是国家的栋梁！谁盗窃奥莱夫一分钟的时间，谁就是盗窃瑞典！"他不仅这样说，而且脚踏实地向既定的人生目标迈进。

奥莱夫在 20 岁的时候完成了一项重大发明，并且很快成了瑞典数一数二的发明家和富翁。他实现了父母的预言。

（佚名）

# 活在当下

愿我们都能真实地活在现实、活在当下，珍惜我们活着的每一天！

有个小和尚，每天早上负责清扫寺院里的落叶。清晨起床扫落叶实在是一件苦差事，尤其在秋冬之际，每一次起风时，树叶总随风飞舞。每天早上都需要花费许多时间才能清扫完树叶，这让小和尚头痛不已。他一直想要找个好办法让自己轻松些。后来有个和尚跟他说："你在明天打扫之前先用力摇树，把落叶统统摇下来，后天就可以不用扫落叶了。"小和尚觉得这是个好办法，于是隔天他起了个大早，使劲地猛摇树，这样他就可以把今天跟明天的落叶一次扫干净了。一整天小和尚都非常开心。

第二天，小和尚到院子里一看，他不禁傻眼了。院子里如往日一样满地落叶。老和尚走了过来，对小和尚说："傻孩子，无论你今天怎么用力，明天的落叶还是会飘下来。"小和尚终于明白了，世上有很多事是无法提前的，唯有认真地活在当下，才是最真实的人生态度。

库里希坡斯曾说："过去与未来并不是'存在'的东西，而是'存在过'和'可能存在'的东西。唯一'存在'的是现在。"

一天早餐后，有人请佛陀指点。佛陀邀他进入内室，耐心聆听此人滔滔不绝地谈论自己存疑的各种问题达数分钟之久，最后，佛陀举手，此人立即住口，想知道佛陀要指点他什么。"你吃了早餐吗？"佛陀问道。这人点点头。"你洗了早餐的碗吗？"佛陀再问。这人又点点头，接着张口欲言。佛陀在这人说话之前说道："你有没有把碗晾干？""有的，有的，"此人不耐烦地回答，"现在你可以为我解惑了吗？""你已经有了答案。"佛陀回答，接着把他请出了门。几天之后，这人终于明白了佛陀点拨的道理。佛陀是提醒他要把重点放在眼前——必须全神贯注于当下，因为这才是真正的要点。活在当下是一种全身心地投入人生的生活方式。当你活在当下，而没有过去拖在你后面，也没有未来拉着你往前时，你全部的能量都集中在这一时刻，生命因此具有一种强烈的张力。

　　这就是使生活丰富的唯一方式。除此之外的人们都是"贫穷"的。他们也许拥有世界上所有的钱，但他们是"穷人"。世界上有两种穷人——富有的穷人和没有钱的穷人。充实的感觉和对物质财富拥有的多少关系不大，它往往和你生活的方式、生活的品质、生命的喜乐、生命的特性有关。而所有这些东西只有通过静心才可能感受到其中的深意。"当下"给你一个深深地潜入生命水中，或是高高地飞进生命天空的机会。但是在两边都有危险——"过去"和"未来"是人类语言里最危险的两个词。生活在过去和未来之间的当下几乎就好像走在一条绳索上，在它的两边都有危险。但是一旦你尝到了"当下"这个片刻的甜蜜，你就不会去顾虑那些危险；一旦你跟生命保持在同一步调，其他的就无关紧要了。对你而言，生命就是一切。当生命走向尽头的时候，你问自己一个问题：你对这一生觉得了无遗憾吗？你认为想做的事你都做了吗？你有没有好好笑过、真正快乐过？想想看，你这一生是怎么过的：年轻的时候，你拼了命想挤进一流的大学；随后，你巴不得赶快毕业找一份好工作；接着，你迫不及待地结婚、生小孩，然后，你又整天盼望小孩快点长大，好减轻你的负担；后来，小孩长大了，你又恨不得赶快退休；最后，你真的退休了，不过，你也老得几乎连路都走不动了……当你正想停下来好好喘口气的时候，生命也快要结束了。其实，这不就是大多数人的写照吗？他们劳碌了一生，时时刻刻为生命担忧，为未来做准备，一心一意计划着以后发生的事，却忘了把眼光放在"现在"，等到时间一分一秒地溜过，才恍然大悟"时不我予"。佛家常劝世人要"活在当下"。

到底什么叫做"当下"？简单地说，"当下"指的就是：你现在正在做的事、呆的地方、周围一起工作和生活的人："活在当下"就是要你把关注的焦点集中在这些人、事、物上面，全心全意认真去接纳、品尝、投入和体验这一切。你可能会说："这有什么难的？我不是一直都活着并与它们为伍吗？"话是不错，问题是，你是不是一直活得很匆忙，不论是吃饭、走路、睡觉、娱乐，你总是没什么耐性，急着想赶赴下一个目标？因为，你觉得还有更伟大的志向正等着你去完成，你不能把多余的时间浪费在"现在"这些事情上面。不只是你，大多数的人都无法专注于"现在"，他们总是若有所想，心不在焉，想着明天、明年甚至下半辈子的事。有人说"我明年要赚得更多"，有人说"我以后要换更大的房子"，有人说"我打算找更好的工作"。后来，钱真的赚得更多，房子也换得更大，职位也连升好几级，可是，他们并没有变得更快乐，而且还是觉得不满足："唉！我应该再多赚一点！

职位更高一点，想办法过得更舒适！"这就是没有"活在当下，"就算得到再多，也不会觉得快乐，不仅现在不够，以后永远也不会嫌够。忘了真正的满足不是在"以后，"而是在"此时此刻，"那些想追求的美好事物，不必费心等到以后，现在便已拥有。假若你时时刻刻都将力气耗费在未知的未来，却对眼前的一切视若无睹，你永远也不会得到快乐。一位作家这样说过："当你存心去找快乐的时候，往往找不到，唯有让自己活在'现在'，全神贯注于周围的事物，快乐便会不请自来。"或许人生的意义，不过是嗅嗅身旁每一朵绮丽的花，享受一路走来的点点滴滴而已。毕竟，昨日已成历史，明日尚不可知，只有"现在"才是上天赐予我们最好的礼物"。

（佚名）

# 真正的幸福

　　拥有生命，就要珍爱生命的每一过程，在有限的生命里，愉快度过每一天，使生命健全，享受生命的全部内涵；

　　有一个人，善良、热心助人。在他死后，自然而然地升上天堂，做了天使。他当了天使后，仍时常到凡间帮助人，希望感受到幸福的味道。

　　一日，他遇见一个农夫，农夫的样子非常苦恼，他向天使诉说："我家的水牛刚死了，没它帮忙犁田，那我怎能下田作业呢？"

　　于是天使赐他一只健壮的水牛，农夫很高兴，天使在他身上感受到幸福的味道。

　　又一日，他遇见一个男人，男人非常沮丧，他向天使诉说："我的钱被骗光了，没盘缠回乡。"

　　于是天使给他银两做路费，男人很高兴，天使在他身上感受到幸福的味道。

　　又一日，他遇见一个诗人，诗人年轻英俊，才华横溢且富有；他的妻子貌美而温柔，但他却过得不快活。

　　天使问他："你不快乐吗？我能帮你吗？"

　　诗人对天使说："我什么都有，只欠一样东西，你能够给我吗？"

　　天使回答说："可以，你要什么我都可以给你。"

　　诗人直直地望着天使："我要的是幸福。"

　　这下子把天使难倒了，天使想了想，说："我明白了。"然后把诗人所拥有的都拿走了，天使拿走诗人的才华，毁去他的容貌，夺去他的财产和他妻子的性命。

　　天使做完这些事后，便离去了。

一个月后，天使再回到诗人的身边，

他那时饿得半死，衣衫褴褛地躺在地上挣扎。

于是，天使把他的一切还给他。然后，又离去了。

半个月后，天使再去看看诗人。

这次，诗人搂着妻子，不住地向天使道谢。因为，他得到幸福了。

（佚名）

# 把帽子扔过栅栏

当我们遇到看似困难，甚至是完全不可能办到的事情时，不妨果断一些，放弃一些东西，也把"你的帽子扔过栅栏"。

丹尼斯出生在美国距离堪萨斯州 100 英里的小镇。

年纪很小的时候，丹尼斯就跟随父亲一起到农场干活。一次，丹尼斯要翻越一道栅栏。由于个子矮小，丹尼斯努力尝试了很多次都没能跨过栅栏。父亲站在栅栏的另一边，并没有上前帮助他的意思，于是，丹尼斯打算放弃了。

"丹尼斯，把你的帽子扔过栅栏！"父亲对丹尼斯喊道。

"啊？"丹尼斯没有明白父亲的意思。

"把你的帽子扔过栅栏！"父亲重复了一遍。

"可是……"丹尼斯明白了父亲的意思，但是不敢违抗，只得乖乖地把帽子扔了过去。

父亲见状，便大踏步离开，把丹尼斯一个人留在栅栏的另一边。

丹尼斯望着栅栏另一边的帽子，有些懊恼。看来，这回自己非得翻越这道栅栏不可了。于是，他不得不强迫自己想尽一切办法，不停地尝试着，尝试着。终于，丹尼斯成功地越过了栅栏。

父亲的这一句"把帽子扔过栅栏"，让丹尼斯学会了很多东西。

丹尼斯20岁那年，离开了家前往堪萨斯州讨生活。当时，他除了一条小船外一无所有。他到处找工作，结果几天下来一无所获。这时，丹尼斯想到了放弃，他想乘自己的小船再回到100英里之外的家乡去。

不过，这个想法很快就被丹尼斯否定了，因为他想起了父亲的那句"将帽子扔过栅栏去"。于是，丹尼斯决定留下来，为了能够维持生存，也为了断绝自己再想回家的念头，丹尼斯果断地卖掉了自己的小船。

这下子，丹尼斯再没有退路了。

不久后，丹尼斯找到了一份工作。尽管收入很微薄，但是他终于能够在堪萨斯州站住脚了。再后来，丹尼斯凭借着自己顽强的毅力，渐渐地成为当地最为富有的人之一。

（佚名）

# 用美德占据灵魂

"要想铲除旷野里的杂草，最好的方法就是让庄稼长势良好。

一位哲学家带着他的弟子游学世界。他们游历了许多国家，也拜访了很多的著名学府，等回到出发地的时候已经个个满腹经纶了。进城之前，哲学家和他的弟子在郊外的一片草地上坐了下来。哲学家说："在你们结束学业的时候，今天我们上最后一课。你们看，在我们周围的旷野里，长满了野草，现在我想知道的是如何铲除这些野草？"针对老师的提问，弟子们非常惊愕。他们都没有想到，一直在探讨人生奥妙的哲学家，最后一课问的竟是这么一个简单的问题。

一个弟子首先开口："老师，只要有一把铲刀就够了。"哲学家点点头。

"放火烧也是很好的办法。"

"撒上石灰，可以铲掉所有的野草。"

"斩草除根，只要把根挖出来就行。"

等弟子都讲完了，哲学家站起来说："课就上到这里，你们回去后，各按照自己的办法除去一片杂草。没有除掉的，一年后的今天再来相聚。"

一年后，他们都来了。不过他们发现原来相聚的地方不再是杂草丛生，而是一片长满谷子的庄稼地。

他们来到去年就坐的地方未见到哲学家，却发现了一张纸条，上面写着："要想铲除旷野里的杂草，最好的方法就是让庄稼长势良好。同样，要想让灵魂无纷扰，唯一的方法就是用美德去占据它。"

（佚名）

# 金山的秘密

任何事情都要适度，一旦人们被贪婪的欲望冲昏了头脑，那么一定要回到悲惨的结果。

在一个偏僻的小山村里，生活着一对穷苦的兄弟。兄弟俩父母早亡，只得依靠着贫瘠的土地相依为命。

长久以来，小山村流传着一个神秘的传言。大山里有一座金山，金山每一百年就要张开一个山洞，只要从这个洞口进去就可以看到无数的黄金。不过，进洞的人必须在太阳落山之前走出山洞，否则就会被大山永远地关在山洞里。据说，这一年就是金山再次开口的年头。但是，到底是在哪一天，哪一个时辰，没有人知道。

兄弟俩对这个传言深信不疑，便时常到大山里转悠，希望能够有所发现。这一天，兄弟俩又像往常一样进山了。走到一座大山跟前时，两人累了便坐在山前休息。就在这时，眼前的大山突然裂开了一个口子，那景象就跟传言中的一模一样，兄弟俩连忙拿着准备好的袋子进入了山洞。

山洞里的黄金简直取之不尽，兄弟俩不停地往自己的口袋里装啊装。由于弟弟的口袋比较小，没用多长时间弟弟就把口袋装满了。哥哥的口袋则很大，那是他为此特制的一个大袋子，要想把袋子装满真得费一番工夫。他装啊装啊，太阳落山前终于把口袋装满了。其实，装袋子还是小事，背着装满金子的袋子走出大山才是大事。弟弟的袋子小，没过多久就把满满一袋子的金子背到了山口。哥哥的袋子则太沉，他背着袋子简直就是寸步难行。于是，他使出了浑身的力气，对着金袋子又推又拉又拖，可大半个时辰也推不出一米远。

弟弟望着即将落山的太阳着急了，他要哥哥赶紧扔出一部分金子减轻重量。哥哥却不同意，他执意要把所有的金子都带出去，到手的金子怎么能说扔就扔呢？

就在太阳落山的一刹那，弟弟无奈地走出了山口。当他再回头看望哥哥时，山洞突然闭合在一起，似乎从来都不曾张开过。

就这样，贪婪的哥哥和他背负的满满一袋黄金，就永远地被埋在了山底。

（佚名）

# 自以为是的陶罐

人，还是实在的好，不要太自以为是了，战场上，失败的永远都是自以为是的人！

从前，一位陶工制作了一只精美的彩釉陶罐，他把这只精美的陶罐搬回家中，放到屋角的一块石头上。

陶罐认为自己这样的精品，竟然被随便的放在了石头上。便责怪主人把

自己放错了地方，心里很是不甘心，整天唉声叹气地抱怨说："我这么漂亮，这么精致，为什么不把我放到皇宫里作为收藏品呢？即使摆放到商店展出，也比呆在这儿强啊！"

陶罐底下的石头听了忍不住劝它说："这儿不是也挺好吗？我比你待的时间还久呢。"

陶罐听了，忍不住讥讽石头说："你这块垫脚石，你算什么东西？有什么资格说我？你有我这么漂亮的图案么？和你在一起我真感到羞耻。"

石头争辩说："我确实不如你漂亮好看，我生来就是做垫脚石的，我也甘心做垫脚石，但在完成本职任务方面，我不见得比你差。"

"住嘴！"陶罐愤怒地说，"你怎么敢和我相提并论！你等着吧，要不了多久，我就会被送到皇宫成为收藏品……"它越说越激动，不提防摇晃了一下，"哗啦"掉在地上，摔成了一堆碎片。

一年一年过去了，世界发生了许多事情，一个又一个王朝覆灭了，陶工的房子早已倒塌了，石块和那堆陶罐碎片被遗落在荒凉的场地上。历史在它们的上面积满了渣滓和尘土，一个世纪连着一个世纪。

许多年以后的一天，人们来到这里，掘开厚厚的堆积物，发现了那块石头。人们把石块上的泥土刷掉，露出了晶莹的颜色。"啊，这块石头可是一块价值连城的宝玉呢！"一个人惊讶地说。

"谢谢你们！"石块头奋地说，"我的朋友陶罐碎片就在我的旁边，请你们把它也发掘出来吧，它们一定闷得够受了。"

人们把陶罐碎片捡起来，翻来覆去查看了一番说："这只是一堆普通的陶罐碎片，一点价值也没有。"说完随手就把这些陶罐碎片扔进了垃圾堆。

（佚名）

# 心中之锁

"心有多大，世界就有多大。"这话的确是一句金玉良言。因为一个人只要肯打开心锁，整个世界就会扑进你的怀抱！

陈平的一位朋友几年前进了监狱。有一次陈平应邀到监狱为犯人们演讲，没有见到这位朋友，就请监狱长带给他一张纸条，上面写了一句话："平日都忙，你现在终于获得了学好一门外语的上好机会。"

几年后陈平接到一个兴高采烈的电话："嘿，陈平，我出来了！"

陈平一听是他，便问："外语学好了吗？"

他说："我带出来一部 60 万字的译稿，准备出版。"

他是刑满释放的，但陈平相信是他为自己大大地减了刑。

茨威格在《象棋的故事》里写到一个被囚禁的人无所事事度日如年，而在他获得一本棋谱后日子却过得飞快。外语就是这位朋友的棋谱，几乎轻松愉快地把他的牢狱之灾全然赦免。

真正进监狱的人毕竟不多，但陈平却由此想到，很多人正恰与陈平的这位朋友相反，明明没有进监狱却把自己关在心造的监狱里，不肯自我减刑、自我赦免。

陈平见到过一位年轻的公共汽车售票员，一眼就可以看出他非常不喜欢这个职业，懒洋洋地招呼，爱理不理地售票，时不时抬手看着手表，然后满目无聊地看着窗外。陈平想，这辆公共汽车就是他的监狱，他却不知刑期多久。其实他何不转身把售票当做棋谱和外语呢，满心欢喜地把自己释放出来。

对有的人来说，一个仇人也就是一座监狱，那人的一举一动都成了层层铁窗，天天为之而郁闷忿恨、担惊受怕。有人干脆扩而大之，把自己的嫉妒对象也当做了监狱，人家的每项成果都成了自己无法忍受的刑罚，白天黑夜

独自煎熬。

听说过去英国人在印度农村抓窃贼时的方法十分简单，抓到一个窃贼便在地上画一个圈让他呆在里边，抓够了数字便把他们一个个从圆圈里拉出来排队押走。这真对得上"画地为牢"这个中国成语了，而陈平确实相信，世界上最恐怖的监狱并没有铁窗和围墙。

（佚名）

# 十全十美的人

静下心来给自己一杯香茶，氤氲之中，把自己的思想放进茶水里去洗涤，涤去卑污，留下清香。

上帝造就了少数天之骄子，像华盛顿、拿破仑、屈原等，上帝认为这是自己造就的最满意的人了。可在他们生前或者死后，都受到这样或那样的指责、谩骂和攻击。上帝很不理解，于是便到人间去私访。

来到一所中学，就听一位老师在教导他的学生："金无足赤，人无完人。"

上帝忽然就想，既然天之骄子在人世间还这么不受欢迎，那么我就干脆造出一个十全十美的人来试试看。上帝于是造就了一个十全十美的人，连半点瑕疵都没有。上帝便把他派到人世，上帝很想听一下人们对他的评价。

结果出人意料，十全十美的人同样遭受到一些人莫名其妙地攻击和诋毁。这是怎么回事？上帝便打发天使去调查原因。

天使很快就回来了，向上帝汇报说："他的确一点过错、一点瑕疵也没有。某些家伙嫉妒得发狂，他们造谣、诬陷，谩骂、攻击，使用了各种卑鄙的手段，并借此提高自己的知名度。还有……"

"别说了！"上帝生气地一挥手，制止天使再讲下去。

"上帝，"天使忽然又嗫嚅着说，"就连您也莫名其妙地遭到一些人的诅咒呢。"

"是吗？"上帝问，"为什么？我可是从来也不认识他们呀。"

"可是他们认识你呀，"天使说，"这就是理由。"

"人世间真古怪。"上帝自言自语说。

（佚名）

# 快乐的秘方

你的没有快乐，只因你对现实世界的麻木。不是你没有快乐，而是你缺少发现快乐的细胞。

从前有一位富翁非常有钱，却常常自怜。他认为自己空有钱财，从来没有体会过真正的快乐。

富翁常常想："我有很多钱，可以买到许多东西，为什么却买不到快乐呢？如果有一天我突然死了，留下一大堆钱又有什么用呢？不如把所有的钱拿来买快乐，如果能买到一次真正的快乐，我死也无憾了。"

于是，富翁变卖了大部分家产，换成一小袋钻石，放在一个特制的锦囊中。他想："如果有人能给我一次纯粹的快乐，即使是一刹那，我也要把钻石送给他。"

富翁开始旅行，到处询问："哪里可以买到全然快乐的秘方呢？什么才是人间纯粹的快乐呢？"

他的询问总是得不到令他满意的解答，因为人们的答案总是庸俗的：有金钱就会快乐；有权势就会快乐；拥有越多就越快乐。

这些东西富翁早就有了，却没有快乐，这使他更疑惑："难道这个世界

没有真正的快乐吗?"

有一天,富翁听说在偏远的山村里有一位智者,无所不知,无所不通。他就跑进村找那位智者。

智者正坐在一棵大树下闭目养神。富翁问:"智者!人们都说你是无所不知的,请问在哪里可以买到快乐的秘方呢?"

"你为什么要买快乐的秘方呢?"智者问道。

富翁说:"虽然我很有钱,可是很不快乐,这一生从未经历过真正的快乐。如果有人能让我体验一次,即使只是一刹那,我也愿把全部的财产送给他。"

智者说:"我这里就有全然快乐的秘方,但是价格很昂贵,你准备了多少钱,可以让我看看吗?"

富翁把怀里装满钻石的锦囊拿给智者,没有想到智者看也不看,一把抓住锦囊,跳起来就跑掉了。

富翁大吃一惊,过了好一会儿才回过神来,大叫:"抢劫了!救命呀!"可是在偏僻的山村根本没人听见,他只好死命地追赶智者。

他跑了很远的路,跑得满头大汗、全身发热,也没有发现智者的踪影,他绝望地跪倒在山崖边的大树下痛哭。想到费尽千辛万苦,花了几年的时间,不但没有买到快乐的秘方,大部分的钱财又被抢走了。

富翁哭到声嘶力竭,站起来的时候,突然发现被抢走的锦囊就挂在大树的枝丫上。他取下锦囊,发现钻石都还在。一瞬间,一股难以言喻的、纯粹的、真正的快乐充满他的全身。

这时,躲在大树后面的智者走了出来,问他:"你刚刚说,如果有人能让你体验一次真正的快乐,即使只是一刹那,你愿意送给他所有的财产,是真的吗?"

富翁说:"是真的!"

"刚刚你从树上拿回锦囊时,是不是体验了真正的快乐呢?"智者又问。

"是呀!我刚刚体验了真正的快乐。"

智者说:"好了,现在你可以给我所有的财产了。"

智者一边说一边从富翁手中取过锦囊,扬长而去。

(佚名)

# 美丽花园的篱笆墙

　　敞开房门，我们见到的是天外还有天；走出自己的小屋，我们得到的将是一片灿烂的天空……

　　贝斯太太是美国一位有钱的贵妇人，她在亚特兰大城外修了一座花园。花园又大又美，吸引了许多游客，他们毫无顾忌地跑到贝斯太太的花园里游玩。

　　年轻人在绿草如茵的草坪上跳起了欢快的舞蹈，小孩子扎进花丛中捕捉蝴蝶，老人坐在池塘边垂钓，有人甚至在花园当中支起了帐篷，打算在此度过他们浪漫的盛夏之夜。贝斯太太站在窗前，看着这群快乐得忘乎所以的人们，看着他们在属于她的园子里尽情地唱歌、跳舞、欢笑。她越看越生气，就叫仆人在园门外挂了一块牌子，上面写着：私人花园，未经允许，请勿入内。

　　可是这一点也不管用，那些人还是成群结队地走进花园游玩。贝斯太太只好让她的仆人前去阻拦，结果发生了争执，有人竟拆走了花园的篱笆墙。

　　后来贝斯太太想出了一个绝妙的主意，她让仆人把园门外的那块牌子取下来，换上了一块新牌子，上面写着：欢迎你们来此游玩，为了安全起见，本园的主人特别提醒大家，花园的草丛中有一种毒蛇。如果哪位不慎被蛇咬伤，请在半小时内采取紧急救治措施，否则性命难保。最后告诉大家，离此地最近的一家医院在威尔镇，驱车大约 50 分钟即到。这真是一个绝妙的主意，那些贪玩的游客看了这块牌子后，对这座美丽的花园望而却步了。

　　可是几年后，有人再往贝斯太太的花园去，却发现因为园子太大，走动的人太少而真的杂草丛生、昆虫横行，而且真的有了毒蛇，几乎荒芜了。

　　孤独、寂寞的贝斯太太守着她的大花园，她开始怀念起那些曾经来她的园子里玩得快乐的游客。

　　　　　　　　　　　　　　　　　　　　　　　（佚名）

# 快乐奖金

　　在一个人有限的生命里，凭着自己的全部能力去努力做一件
事，成则快乐，败也坦然，又何必去强求那些做不到的事呢？

　　他是一家俱乐部的经理，生活得十分幸福美满。这一天，他突发奇想地
拿出了一大笔钱，委派一位老人到城市的最繁华地带守候一天，对他遇到的
每一个快乐的人发放奖金。

　　这位老人是一位表情研究专家，由他来判定一个人是否快乐，并且发放
奖金，应该十分得当。

　　于是，老人拿着钱来到了一条繁华的马路上。行人从他的身边匆匆掠
过，像是一群群鸥鸟飞越搁浅的轮船。老人静静地巡视着众人的脸庞，那睿
智的目光似乎一下子就看到了人们的内心。

　　几乎整整一个小时，老人握着那大把的钱，不停地摇着头。终于，老人
的面容舒展开来，他走到了某位行人面前，礼貌地拦住了他，并且悄声地对
他说了句话，随即把钱塞进了他的手里，微笑着离开了。

　　而那个得到钱的人，脸上是微笑着的，虽然他为此惊诧不已。

　　老人就这样在路旁发放了一整天，直到晚上才回到了俱乐部。

　　"那笔钱一定不够吧？"经理微笑着问。

　　"我连这笔钱的一个零头都没用完。"老人摇了摇头说道。

　　"怎么可能？"经理有些难以置信。

　　"整整一天，成千上万的人经过我面前，但是我能确认快乐的人，只有
22名。"老人有些落寞地说道。

　　"快乐的人为什么会如此稀少？"经理更加吃惊了。

　　"我一直以研究人类的表情为业，但是这样的发现还是很让我难过。"老

人摇了摇头说道，"我发现，在正常人当中快乐的脸竟然如此稀少。围绕着我们的，多是惆怅的脸、忧郁的脸、焦灼的脸、愤懑的脸、谄媚的脸、苦恼的脸、委屈的脸、讨好的脸、严厉的脸……"

经理听到了这里，也无奈地摇了摇头。快乐的奖金无法发放，这真是一个悲剧。

（佚名）

# 感恩生活

> 快乐是一种主观的体验，主观的感受。它无法用金钱购买，也无人能够赐予。

美国总统罗斯福的家曾经失窃，财物损失严重。朋友闻此消息，就写信来安慰他，劝他不必把这件事放在心上。

罗斯福总统很快回信说："亲爱的朋友，谢谢你来信安慰我，我一切都很好。我想我应该感谢上帝，因为：第一，我损失的只是财物，而人却毫发未损；第二，我只损失了部分财物，而非所有财产；第三，最幸运的是，做小偷的是那个人，而不是我……"

对任何人来说，家中失窃绝非幸事。但是，罗斯福总统却能找到三个感恩的理由。这个故事告诉我们，生活中，我们应该学会感恩。

乐观是一项重要的处世哲学，是生活的大智慧。人生在世，不可能事事顺通。对于各种失败和不幸，我们要豁达大度，勇敢地面对，并想办法解决。面对困难，我们是懊恼抱怨，沮丧气馁，陷入绝望，还是对生活满怀感恩之心，跌倒后再爬起来呢？

英国著名作家威廉·萨克雷说过："生活是一面镜子，你对它笑，它也会对你笑；你对它哭，它也会对你哭。"

　　我想，不论是遭遇失败还是不幸，我们都应该感谢生活。只有这样，失败后，我们才能发现自己的缺点和不足；不幸时，我们还能感受到安慰和温暖。这些就能帮我们找回勇气，战胜困难，并获取前进的强大推动力。我们应像罗斯福总统那样，换一个角度去看待生活中的失败和挫折，永远对生活充满感恩，才能时刻保持健康的心态，积极地生活，并能保持完美的人格和不断进取的精神。感恩不仅仅是一种精神慰藉，也不是对现实的规避，更不是阿Q的精神胜利法。感恩源于我们对生活的热爱和希望，它是我们歌颂生活的一种方式。

　　把一小块明矾放入混沌的水中，我们发现，水很快就澄清了。如果人人都有一颗乐观的心，就能沉淀许多浮躁和不安，消融许多不满和不幸。保持乐观的心态能让我们的生活变得更加美好。

# 选择乐观

　　每个人的生命中都有太多的幸运或灾难：充满着忧伤和快乐、无限的喜悦和痛苦——不论我们是悲观还是乐观，都有充分的理由。

　　如果你预料某件事会很糟糕，那么它很可能真会这样。悲观的想法一般都能实现。但反过来，这个原理也同样成立。如果你料想会好运连连，通常也会这样！乐观和成功之间似乎有一种天然的因果关系。

　　我喜欢展望未来。我选择注意积极面，忽视消极面。我是乐观主义者，更多的是因为我的选择，而非天性。当然，我知道，生命中总存在着悲伤。现在，我已经70多岁了，经历过太多灾难。但是，当一切尘埃落定，我发现生命中的美好远多于丑恶。

　　乐观的态度并非奢侈品，而是一种必需。你看待生活的方式决定了你如何去感受，去表现，以及你与他人如何相处。相反，消极的思想、态度和预想也决定了这些，它们成为一种能自我实现的预言。悲观会制造一种阴沉的生活，没有人愿意活在其中。

几年前，我开车去一个加油站加油。那天天气很晴朗，我心情很好。当我进站付油费时，服务员对我说："你感觉怎么样啊？"这个问题有些莫名其妙，但我感觉很好，也这样跟他说了。"你脸色不大好。"他说。我十分惊讶，于是，我告诉他，我确实感觉不错，但已不在信心十足了。他毫不犹豫地继续说我脸色如何不好，连皮肤都发黄了。

我心神不宁地离开加油站，开了一个街区后，我把车停在路边，照着镜子看看自己的脸。我怎么了？是不是得了黄疸病了？一切都正常吗？回到家时，我开始想吐了，我的肝脏是不是出了问题？我不会染上什么怪病了吧？

我再次去那个加油站时，又感觉不错了，也明白了究竟是怎么一回事。这个地方最近涂了一种明亮、胆汁质的黄色油漆，灯光反射在墙壁上，让里面的人看起来像是得了肝炎。我想，不知道有多少人也有过类似的经历呢。我的心情却因为与一个完全陌生的人短暂的交谈，整整改变了一天。他告诉我，我看起来像生病了，而后不久，我真的感觉不舒服。这个消极的观点，深刻地影响了我的感受和行为。

唯一比消极更具力量的是一个积极的肯定，一个乐观和希望的言词。最令我欣慰的是，我是在一个有着乐观主义光荣传统的国度里成长的。当整体文化积极向上时，再难以置信的事也能完成。当世界看起来充满希望，人们就会在这个积极的场所，努力向上并获得成功。

乐观并不需要变得幼稚，我们可以在成为乐观者的同时，仍意识到有问题存在，有些甚至难以解决。但是，乐观使解决问题的态度有所不同！乐观会使我们把注意力从消极转向积极的、建设性的思考上。如果你是一个乐观者，会更关心问题的解决而不是毫无价值地怨天尤人。事实上，如果没有乐观主义精神，一些现存的巨大问题如贫穷，就毫无希望解决。它需要一个梦想家——一个拥有绝对乐观、矢志不移、坚定信念的人——来解决这个巨大的问题。乐观，或是悲观，在于你的选择。

（佚名）

# 布伦达的药

　　朋友是一盏明灯，照亮你前进的方向；朋友是人生旅程中的一座航标，时刻修正着你的航程；朋友是一个坚实的臂膀与一双搀扶的手，伴你走过人生的风雨路；

　　布伦达那年才 10 岁，因输血不幸染上了艾滋病。伙伴们都躲着他，害怕那种会"传染"的病。布伦达很孤独，好在大他 4 岁的贝蒂依旧像从前一样跟他玩耍。

　　一天，贝蒂非常高兴地拿着一份杂志跑来找布伦达。杂志上说，新奥尔良的费医生找到了能治疗艾滋病的植物，这让他兴奋不已。于是，在一个月朗星稀的夜晚，他带着布伦达悄悄地踏上了去新奥尔良的路。

　　两个孩子都没有钱，于是他们晚上就睡在随身带的帐篷里。布伦达常常咳嗽，而且越来越厉害，从家里带来的药也快吃完了。

　　这天夜里，布伦达冷得直发抖，他用微弱的声音告诉贝蒂说，自己梦见两百亿年前的宇宙了，只有他一个人呆在那里，找不到回来的路。

　　贝蒂听了，默默地脱下了自己的鞋，放到了布伦达的手上。

　　"以后睡觉，就抱着我的鞋，想想贝蒂的臭鞋还在你手上，贝蒂肯定就在附近。"贝蒂微笑着说。

　　终于，两个人身上的钱用完了，可他们离新奥尔良还很远。贝蒂望着日渐虚弱的布伦达，不得不放弃了计划，带着布伦达返回了家乡。

　　布伦达住进了医院，贝蒂每天都会去病房看他。他俩有时还会玩装死游戏吓医院和护士。一天，贝蒂又问布伦达，要不要再玩装死的游戏，布伦达点点头。

这次，布伦达再也没有睁开眼睛。他真的死了。

贝蒂很伤心，他陪着布伦达的妈妈一起回家，两个人一路无语。

"我很难过，没能为布伦达找到治病的药。"快分手时，贝蒂突然抽泣着说道。

"不，贝蒂，你找到了。"布伦达的妈妈泪如泉涌，她紧紧搂着贝蒂，"你给了他快乐，给了他友情，给了他一只鞋，他一直为有你这个朋友而满足。"

（佚名）

# 最快乐的科比

人们往往以为，事业有成，名利双收，就是快乐。而事实上，人心不足，事业没有界限，名利没有极至，快乐却越来越远。

科比是一个快乐的流浪汉，他自认自己是世界上最快乐的人。

"我为什么不快乐呢？世界上那么多好人，我每天都可以讨到填饱肚子的食物，有时甚至还能讨到一截香肠。我每天可以在这所住处里挡风遮雨。我自由自在，我是自己的上帝。我为什么不快乐呢？"科比说。

可是有一天，科比脸上的快乐突然丢失了。

那天，科比在回住处的路上捡到一袋金币，准确地说是99块金币。

其实捡到金币的那个晚上，科比是最最快乐的了。"我可以不做流浪汉了，我有了99块金币！这后半辈子就可以衣食无忧了！99块，哈！我得再数数。"科比总觉得这是一个梦，科比不敢睡觉。直到第二天太阳出来时他才相信这是真的。

第二天，科比很晚也没有走出住处，他要把这99块金币藏好，这真的需要费一番工夫。

"这钱不能花,我得攒着。我要是拥有 100 块金币就好了。我要有 100 块金币。"从来没有什么理想的科比现在开始有了理想。他还需要一块金币,这对一个流浪汉来说,绝对是一个非常远大的理想。

晌午,科比才出去讨饭。不!他开始讨钱,一分一分的。中午他很饿,他只讨了一点儿剩饭。

下午,他很早就"收工"了,他得用更多的时间守着他的金币。

"还差 97 分。"晚上他反复地数着他的金币,忘记了饥饿。一连几天,科比都这样度过。这样过日子的科比就再也没有吃饱过,同时也再没有快乐过。

讨饭越来越难。难的原因一是别人愿给剩饭而不愿给钱,还因为科比用来讨钱的时间越来越少了,当然也因为他不快乐了,别人也不愿再施舍给他了。

科比越来越忧郁,越来越苦闷,也越来越瘦弱了。终于有一天,科比病倒了。这一病科比就几天也没有起来。这几天里科比就想着一件事:还差 16 分就 100 块金币了。

从此,科比成了不再快乐的人。

(佚名)

# 甘地的帽子

　　甘地为了他人的幸福,甘心放弃。这份从容,使他得到了快乐。

一个人坐在轮船的甲板上看报纸,突然一阵大风把他新买的帽子刮落大海中,只见他用手摸了一下头,看看正在飘落的帽子,又继续看起报纸来。

对面的人提醒他:"先生,你的帽子被刮入大海了!"

"知道了,谢谢!"他仍继续读报。

"可那帽子值几十美元呢！"

"是的，我正在考虑怎样省钱再买一顶呢！帽子丢了，我很心疼，可惜它不是掉在地上，而是掉进海里，我着急也没有用，它不可能回来了。"说完，那人又若无其事地继续看报纸。

如果失去的东西不可能找回来了，与其为之懊悔不已，不如考虑怎样才能再买新的代替。对自己说：旧的不去，新的不来，这不失为安慰自己的好办法。

甘地是印度历史上最为著名的人物之一，被印度人民尊称为"圣雄"。有一次，甘地乘火车外出办事，由于火车拥挤，他上了火车才发现自己的皮鞋掉了一只，而此时火车已经开动了。

当时的印度正处在英国的殖民统治之下，人民生活很困难，拥有一双皮鞋还是很不容易的。周围的人都为甘地惋惜的时候，他却做出了一件令人不可思议的事情：迅速脱下另一只皮鞋扔到窗外。

人们大惑不解，有人问甘地："已经丢了一只皮鞋，为什么反而把另一只也扔下去？"

甘地微笑着解释："火车已经开动了，那只鞋不可能再找到了。我掉的那一只鞋，一定会给别人捡到，这样我们两个人都只有一只鞋，没法穿，实在浪费。我在火车上怨声载道，还不如把另一只鞋也扔下去，那个人就可以拥有一双完整的皮鞋了，他就会感到快乐。而我也不必再为脚上的一只皮鞋而苦恼了，我会为那人的快乐感到高兴。"

每个人都有过失去，但对其所持的心态却不同。甘地为了他人的幸福，甘心放弃。这份从容，使他得到了快乐。

（佚名）

# 向善的灯

> 每行一次善举，心灵便得到一次净化；道德情操便得到一次升华；人生价值便得到一次提高。

巴西，一个暴风雨之夜，在某个偏僻的山村里，有位女士即将临盆，可她的丈夫在监狱里，身边只有一个 5 岁的小男孩。情急之下，这位女士报了警。但是由于暴雨已经造成洪灾和泥石流，救护车和救灾人员已经全部出动了。

留守的警员只好打电话到地方服务社团团长家里，请求协助。那位团长马上答应，亲自驾车到女士家里，把她送到医院。母亲顺利生产，母子平安。这时，团长才想起孕妇家里还有一个儿子，没有人照顾，必须去把他接走，便用手机给社团的一位最不热心但也是最后一个还没有出动的成员打了电话，希望他能去救助那位受困的小男孩。

那位"落后分子"很不情愿地从被窝里钻出，懒洋洋地驾车到了小男孩的家。他一路上还一边诅咒鬼天气一边吹口哨。费了一番周折，终于找到了小男孩的家，把小男孩抱上了车。

那男孩上了车后，就一直盯着"落后分子"看，突然他开口了："先生，你是不是上帝？"

这位先生被突如其来的问话给震惊了，有些丈二和尚摸不着头脑，便吐掉嘴里的口香糖，有点结巴地问："小弟弟，为什么说我是上帝？"

小男孩说："我妈妈要出门时，告诉我要勇敢地呆在家里。她说，这个时候只有上帝能救我们。"

这位先生听了这话，脸一下子红了。他很惭愧，腾出一只手摸了摸孩子的头，慈爱地说："我不是上帝，我是你的朋友！"

他万万没有想到有一天自己也可以成为别人眼里的"上帝"，他突然觉得是那孩子天真的眼神点燃了自己内心的那盏灯，向善的灯。

（佚名）

# 热爱生命

热爱生命的人，会把苦难看做是一种磨砺，在与苦难抗争的同时，人性的光彩愈加鲜明。

在一个小区里，有两个很特别的人，一位年轻人和一个残疾老人，这一老一少比邻而居。

老人一生相当坎坷，人世间的很多不幸好像都集中在他一个人身上了：年轻时由于战乱几乎失去了所有的亲人；后来参军，一条腿也空袭中也不幸被炸断；"文革"中，由于出生成分的问题，他受尽了折磨，妻子经受不了无休止的折磨，最终没能和他同舟共济，并跟他划清了界限，离他而去；不久，和他相依为命的儿子又丧生于车祸，他妻离子散，家破人亡，还是一个残疾人。

所有人都认为，这位老人无依无靠，晚年如何生存？可是出乎所有人的意料，老人一直矍铄爽朗而又随和。

而隔壁邻居的那个年轻人却与之相反，常常是愁眉苦脸，什么时候都显得很忧郁，其实他没有遇到什么大的困难，只是最近找工作找得不顺利而已。他很佩服隔壁老人的生活态度，便找了个机会到了老人的家里聊起了天，并把他的愁事跟老人说了。老人并没有说什么，只是笑。

年轻人终于忍不住，便问："你经受了那么多苦难和不幸，可是为什么从来没有悲伤，却活得如此豁达平和？"

老人无言地将年轻人看了很久，然后，将一片树叶举到年轻人的眼前："你瞧，它像什么？"

"这好像是白杨树叶，可是我看不出它像什么？"年轻人答到。

老人拿着手中的树叶对年轻人说："你看它是不是像一颗心，我觉得它就是一颗心！"

年轻人的心为之轻轻一颤。是的，这是真的，是十分像心脏的形状。

"再看看它上面都有些什么？"老人继续说道，一边说着，一边把手中的树叶更近地向年轻人凑凑。年轻人清楚地看到，那上面有许多大小不等的孔洞，就像叶子中间被针扎了很多次似的。

老人收回树叶，放到手掌中，用厚重而舒缓的声音说："它在春风中绽出，阳光中长大。从冰雪消融到寒冷的秋末，它走过了自己的一生。这期间，它经受了虫咬石击，以致千疮百孔，可是它并没有凋零。它之所以享尽天年，完全是因为对阳光、泥土、雨露充满了热爱，对自己的生命充满了热爱。相比之下，那些打击又算得了什么呢？"

年轻人豁然开朗，至今仍完好无损地保存着这片树叶。每当年轻人在人生中突遭打击的时候，总能从它那里吸取足够的冷静和力量，不论在怎样的艰难之中，总能保持一份乐观向上的精神。

（佚名）

# 感恩生活

感恩其实很简单，只需要你付出你的真情和实意，我相信你我都能做得到！

生活是一杯酒，酸甜苦辣，有无尽的回味。对于会享受生活的人来说，他手中端着的是一杯美酒，有滋有味；对于埋怨生活的人来说，他手中握着的是一杯苦酒，喝了必醉。

生活是一杯茶，有浓有淡，关键是品茶人的心境。对于会享受生活的人来说，他品的是香茗，余味无穷；对失意的人来说，他感到索然寡味。

生活是一首歌，抑扬顿挫，犹如高山流水。有感恩之心的人会在生活中尽情吟唱；有怀恨之心的人则横眉冷对。

生活是一首诗，情意绵长，就像你我手中的爱情。感恩生活的人看到的始终是阳光的温暖，悲怆的人只能看到月光的清冷。

生活就是在痛苦中挣扎着快乐；生活就是在曲折中坚强着前行；生活就是在失望中寻找希望；生活就是在黑夜中期待光明；生活就是在失败时继续站立起来；生活就是在受伤时忘却痛苦的记忆；生活就是在回忆中还有梦想！

感恩生活带来的馈赠吧，我的朋友。一旦你拥有了一颗感恩的心，你会发现许多美好的事物就在你的身边，就会在每一个清晨又怀揣一份希望和期待，就会对明天产生美好的憧憬和向往，就会对你身边的人示以友善和温暖，就会每天拥有一个好心情……

感恩生活带来的最完美的馈赠吧，如果你有一个温馨的家庭，有一个善良而贤惠的妻子，还有一个聪明可爱的宝贝儿女，你就是幸福的人儿。如果你还是孤身一人，至少还有疼爱你的父母和关心你的家人。如果你一无所有，还有关心你的社会和单位，你绝对不是完全孤立无援的人，因为你还有

亲人和朋友，还有一张或大或小的人际网络在呵护着你。

拥有一颗感恩的心其实并不难。为你心爱的人做上一顿可口的饭菜，为你年迈的父母送上儿女的孝心，为你宝贝的儿女送上一个温暖的拥抱和亲吻，为你要好的朋友送上一份生日的祝福……许多你不经意的小事在别人眼里却是莫大的温暖和幸福。

你在感恩中会收获许多做人的乐趣，你在感恩中会明白更多生存的意义，你在感恩中会体会到众多亲情和友情的温暖，你在感恩中会得到更多的"回馈"，而这些美妙的情感，都不是金钱所能购买的财富！

感恩父母的养育，感恩社会的包容，感恩家庭的温馨，感恩朋友的支持，感恩一切关心和帮助过自己的人。感恩其实很简单，只需要你付出你的真情和实意，我相信你我都能做得到！

(佚名)

# 父亲的老师

感谢母亲把我们带到这个世界上，感谢大自然给了我们优裕的生存条件，感谢老师给了我们一座座知识的宝库……

昨天我和父亲作了一次愉快的旅行。

前天晚餐桌上，父亲在看报纸，忽然吃惊地说："我小学一年级的克洛西迪老师还活着呢！今年84岁了，做了60年教师。报上说，教育部授给他'从教60年奖章'哩！60年，你懂吗？他前两年才退休。我以为他早在20年前就死了呢！呵！可怜的克洛西迪老师！他现在住在康多夫，一小时火车就到了。我们明天去看望他老人家吧！"

那天晚上，父亲尽讲着和那位老师有关的事，由这位老师的名字回忆起小时候的许多事，早期的同学，死去的祖母。父亲说："克洛西迪老师教我

们班的时候；才40来岁。我还能想得出他的模样。他身材不高，背有点弯，眼睛有神，胡子经常修得很干净。他对我们要求很严，但讲究方式方法。他像父亲那样爱护我们，谁有了过失，只要不是故意犯的，他都能宽恕。他出身农家，是从穷困中努力学习出来的，是个好人。你们祖父母和他很熟悉，像老朋友一样。他现在回到康多夫来养老了，即使见了面，恐怕也不认得我了。44年过去了！安利柯！我们明天去吧！"

昨天，我们坐上9点钟的火车。原想邀卡隆一块去，他因母亲有病，不能去了。这是一个美丽的春日，火车驶过一片新绿的田野，树篱间红花千百，空气芳香，令人心旷神情。父亲抚着我的肩，望着窗外愉快地回忆说："除了我的父母以外，克洛西迪老师是最初爱我、教育我：向善的人了。老师对我的教导我永远不会忘记，而他对我进行尖锐的批评，我为此不大服气地回家的情景也还记得。他的双手又大又瘦，每天准时来到教室，用同样的姿势把手杖放好，大衣挂好。他每天的情绪都很好，做事谨慎小心，意志坚定，全神贯注。我现在耳朵里还响着他的声音：'勃迪尼，要用食指、中指和拇指这样地握紧笔杆呵！'已经44年啦，老师的模样不知道变成怎样了呵！"

康多夫车站很快就到了。我们按地址打听老师的柱所，一问，许多人都知道。

我们走出街区，转入一条两旁围着开花树篱的小路。父亲默默地走着，完全沉浸在往事的回忆中，有时微笑着摇摇头。

突然，父亲停下来说："那就是他，我断定是他！"

从小路上面下来一个戴草帽的白须老人，挂着手杖，拖着两脚走路，两手颤抖着。

"果然是他！"父亲重复说，急急迎上前去，到老人跟着站住，老人也站住打量着来客。他脸色红润，眼睛闪闪有光。

父亲摘下帽子说："您就是文生佐？克洛西迪老师吗？"

"我就是！"声音洪亮而略有颤抖。

父亲握着老师的手说："那么，请允许您以前的学生握您的手并向您问好！我是特意从都灵来看望您老人家的。"

老人出乎意料地注视着来客说："谢谢有心！你是我什么时候的学生？对不起，你的名字是———"

父亲把艾伯托·勃迪尼的姓名和曾在孔索泰拉广场上学的时间说了，又说："难怪老师想不起来，但我是记得老师的。"

老人低头默想了一会，又把父亲的姓名反复念了几遍。我父亲站在旁边，微笑地望着他。忽然，老人抬起头来，张大眼睛笑着，慢慢地说："艾伯托·勃迪尼，对了，是勃迪尼工程师的儿子。"

"正是！正是！"父亲回答说。

"那么，"老人说，"请允许，尊贵的勃迪尼君，请允许我。"他走前一步拥抱我父亲，他的白头靠着我父亲的肩膀，父亲的下巴抵着老人的额。

"非常感谢你来看我！"他随即转身，领我们到他家去。

老师领着我们走到一所带有花园的两扇门的小屋前，其中一扇门前面围着一扒白粉断墙。老师开了第二扇门，招呼我们漂流屋。屋里四面白粉墙，一角摆着一张帆布床，铺着蓝白格子床单。另一角是书桌和书架，四张椅子。粉墙上挂着一幅旧地图，室内充满苹果香味。

我们三人坐下，沉默了一会。

"勃迪尼君！"老师注视着棋盘式的地砖上的日影说，"我还记得很清楚，你一年级的时候，是坐在窗口左侧位置上的。让我想想看，我还记得你是卷发的"。他又回想了一会说，"你是一个活泼好动的孩子，你有一个贤惠善良的母亲。我记得你上二年级的时候，患过一次喉炎，是吧？病后回到学校来，很瘦，是裹着大围巾来的。40多年了，你还没有忘记我，真难得！前些年还有不少旧时学生来，他们有的当了团长，有的当了神父，还有些做了绅士。"

老师问了父亲的职业和家庭状况，又说："你来访我，很难得，近来访我的人少了，恐怕你是最后一个来这里的了，尊贵的勃迪尼君！"

"哪里！哪里！您很好，精神还很健旺，不要说这样的话。"

"呵！不！你看见了吗！我的手总是这样颤抖。"他伸出手来，"这是一个不好的信号。三年前就患上了这毛病，当时我还在学校教书，没有注意，以为它自然会好起来的。谁知竟然渐渐严重起来，终于连字都不能写了。有一天，突然手一震，墨水洒脏了学生的笔记簿，我真是钻心似的难过。但我还勉强支持了一段时间，就再无力支持下去了。就在我从教 60 年的时候，不得不和学校、学生以及我的工作告别了。你知道，那真难受呀！我讲完最后一课，同学们送我回家，又为我做了许多事。但，我是悲哀的。我知道我的生命快要结束了。两年前，我的老伴撒手归天。不久，唯一的儿子又死了。现在，我身边只有两个孙儿务农，靠政府每年发的几百里拉养老金过日子，什么事都不能做。白天盼着大黑，晚上又盼着天亮。我现在能做的只有读些以前读过的书，或翻看以前学生所写的笔记，就在这书架上，这是我过去几十年教书生涯的纪念。除了这些以外，我没有其他东西了。"

说到这里，老师忽然眼睛一亮，站起来愉快地说："有一件东西你看了真要觉得意外呢！"说着，把书桌下面的抽屉拉出，里面有一些旧纸扎，每扎都用绳子捆着，写着日期年份。他抽出其中一扎，翻出几张变黄的纸交给父亲，原来，是父亲当年的一份课堂练习，上端记着"听写，艾伯托·勃迪尼，1838 年 4 月 3 日"，下面就是父亲笔画幼稚的草书。父亲微笑地看着，眼里浮起泪光，拿来给我看。

"这份练习是母亲给我改错的，当时发回来让家长写评语。下面这一行字就是你祖母仿着我的笔迹替我完成的，因为那天晚上我实在疲倦得写不下去了！"父亲边说边在纸上吻着。

老师又拿出另一扎纸来。

"你看，这是我保存下来的另一项纪念品。每学年，我把学生的作业拿出一份，按照日期顺序保存起来。有时打开看看，一幕幕的往事就浮现在眼前，好像重新回到过去的日子里了。我闭上眼睛，一个个熟识的面孔在我面前闪过，现在也许不少人已经谢世了呢！其中表现得特别好和特别坏的我都记得。那些表现好的，留给我很大的欣慰，那些表现不好的，也给我留下一时的遗憾。在那么多人当中，有几条蛇是不足为怪的。不过现在追忆起来，就好像另一个世界的事，无论好坏，对我来说，都同样可爱。"

他重新坐下，握着我的手。

"老师！您还记得我那时的恶作剧吗？"父亲笑着说。

"你吗？"老人也笑了，"没有，一时想不起来，但这并不意味着你没有调皮过。但，你是一个很有见识的孩子，按你的年龄来说，也算是比较纯净的一个，我记得你母亲非常爱你。感谢你盛情厚意来看我，你怎么能离开你的工作来看我这个可怜的老师呀！"

"克洛西迪老师！"父亲愉快地说，"我还记得母亲第一次送我上学的情景。那是她第一次和我长达两小时的分别，让我独自离家，交给一个不相识的人。我进入学校就像进入另一个世界——似乎是痛苦而又不可避免的分离的开始。第一次将母亲和儿子分开，好像永远不会完整地归还给她似的，母亲比我更难过。我颤声向她告别。她走出大门，我又一次噙着眼泪，透过大门玻璃向她挥手。这时，老师，您来领我回教室去，并用另一只手抚着心口，好像在说：'信任我吧！夫人！'就是这手势，这眼光，我知道您完全了解我们母子间这时的心情。这种手势就是一种崇高的许诺，它意味着保护、慈爱和恩惠。那时，老师的形象便永远刻印在我心里。就是这个印象，使我特地从都灵来见您，我来的目的就是要向您说一句：'亲爱的老师，谢谢您！'"

老师暂不作答，用手抚弄着我的头发。他的手有点震颤。由头发到前额，又由前额抚到肩膀上。

这时，父亲注意到老师简朴的居室，有点破旧的床，窗台上放着一点面包、一小瓶食油。他的眼神好像在说："可怜的老师！您从事教育 60 年，就只有这一点报酬吗？"

老人对此却是满意的。他开始更多地谈到我的家庭，昔日的同事和学生，但有些则记不清了。他们互相通报了一些人的消息。

不觉已到了晌午，父亲请他一起到街上去午餐，老师不想去，反复说谢谢。父亲拉着他坚请，他才说："我的手这样颤抖，对谁都是一件苦事！"

"老师，我会帮助您的。"他听父亲说了，才摇摇头，微笑着站起来。

"今天是个好天气。"老师把篱门关好说。"好天气。尊贵的勒迪尼君，我相信你一定比我长寿！"

父亲搀着老师，老师拉着我，一起走下斜坡。路上遇见两个牧牛的赤脚少女和一个挑着稻草的男孩。老师说，那是附近学校三年级的学生。他们上午把牲口赶到牧场，然后赤脚下田耕作，下午又穿着鞋子去上学，时近中午，再没有遇到什么人了。

不几分钟，我们到了一间饭店，在一张大餐桌边坐下。老师坐在我们中间，开始午餐。饭店清静得好像女修道院。老师很高兴。他的兴奋加剧了他的颤抖症，吃东西很困难。父亲替他切肉，切面包，加佐料到他的碟子里。

为了喝汤，他只好把汤倒在杯子里捧着喝，杯子碰到他的牙齿。老人很健谈，谈他以前读过什么书呀，现在的教育情况呀，近年来的政治制度呀，上级对他的表扬呀，总是说不完。他脸色比刚才更红，显得平静从容，兴致很好，笑起来还像个年轻人。

父亲用好像有时在家里看我的表情端详着他，又偏过脸去自己想着，微笑着。

老师不小心把酒洒在了衣服上，父亲用餐巾替他拭干，又给他斟上。老师微笑着说：“对不起！对不起！”又说了几个拉丁字。然后，颤抖着举杯祝酒：

“为了你和全家的健康、为了对你父母的纪念，干杯！”

“老师！我也祝您身体健康！”父亲也举杯向老师祝酒。

饭店主人和侍者站在一旁微笑着，看他们乡里的老师受到这样的礼遇而感动。

餐后已经是两点钟了，老师要送我们去车站。父亲还是搀着他，他拉着我，我替他拿手杖。街上不少人都停下来看我们，并和老师打招呼。我们走过一扇开着的窗子，从窗口传出许多小孩念书和拼音的声音。老师停下来，黯然说：“我敬爱的勃迪尼君，每听到小学生的读书声，想起我不能再回到学校教书，而是别人在那里了，就使我痛苦。这音乐我听了 60 年，已经迷上它了。现在我已经失去了我的家庭，也没有了儿子。”

“不！老师！”父亲对他说，重新往前走。“您有许多儿子，分散在世界各地，他们也像我一样经常怀念着您呢！”

“不！不！我再也没有学校，也没有儿子，而没有儿子我是活不长的，我的末日就要到来了。”

“请不要这样说，也不要这样想，您已经做了许多好事，把一生都贡献给高尚的事业了。”

我们进入车站，火车已停在站上了。老师和父亲拥抱，和我握手道别。

"再见！老师！"父亲在老人双颊上亲吻。

"再见！谢谢！再见！"老师双手握着父亲的手，把它贴到他的胸前。

我去吻老人的面颊时，他的脸孔被泪水打湿了。父亲推我上了车厢，迅速地把老师的手杖拿过来，把自己镶着银头、刻着姓名的华贵手杖给了老师，说："请把这当做我的纪念吧！"

老人正想推辞不受，父亲却转身上车，关上车门了。

"再见！慈爱的老师！"

"再见！我的孩子！"老师回应说。这时列车已经开动。

"你们给了我这个穷老头很大的安慰，愿上帝保佑你！"

"我们以后见！"父亲充满激情地说。

老师用颤抖的手指着天空说："在那上面！"

一会儿，老师高举着手的身影也消失了。

高浓度酸性物质，但它们却并没有满足将头发分解所需的其他条件。因此，人吃了头发就会穿肠而过。对于蜘蛛丝，我们的运气也许会好一些，因为其蛋白质的链条以一种稍为不同的方式重叠，结果形成了扁平的片状，而不是绳状，但它仍然很难消化。

（佚名）

# 每个人都可以拾到很多麦穗

只要认真寻找，一枝枝幸福的麦穗就在自己手里。

有一段时间我很无聊，觉得日子那么灰色，每天上班下班，拿一份固定的薪水，看领导脸色，朋友越来越少，大家各忙各的，如果这样下样下去，我怕自己会提前老龄化。但与我同龄的娟子却活得那么生机盎然，我甚至怀疑我们之间是否有了代沟。我约了她，在一个酒吧里，我们谈了一个下午。那个下午，我和娟子喝着一种叫莲花香的茶，慢慢谈着人生。娟子说，其实，每个人都有和生活隔阂的那一段，接着，她讲了自己的故事——

刚毕业那阵，因为找不到工作，我常常感觉十分郁闷，所以，回到家常常会把自己关在屋里。一个学中文的女孩子，竟然找不到一份合适的工作，这让我怀疑自己是不是真的选错了专业。

那时外婆还活着，当我把自己关在屋里时她总是来敲我的门，我在屋里嚷着我累了，能不能让我休息一会，无名的怒火总是乱发。外婆其实是一个慈爱的人，一生劳碌奔忙，外公去世早，她一个人把四个孩子拉扯大，又在非常年月中遭到冲击。妈妈和我说，就是在最艰难的时候，你外婆还是微笑着养着几盆串红，外婆说，有那几盆红艳艳的花，心里就觉得温暖。

出来吃饭时外婆盯着我说，记得小时候跟我去麦田里拾麦穗吗？

我低头吃着饭，不知道吃饭和拾麦穗有什么联系，茫然地点着头，想是不是去照一组艺术照贴在简历后面，好多女生都是这样做，有的还袒胸露背，还有的说自己的长项是喝酒。

外婆接着说，那时很多人去拾麦穗，有人拾得多，有人拾得少，但只要弯下腰，只要努力去找，每个人都会拾到麦穗的。

说完，外婆走了，背影很安宁。这个吃了一辈子苦的老太太告诉我，只要仔细地寻找，一定会找到麦穗的。

我心头一阵哽咽，外婆是要告诉我不要灰心，要努力地寻找机会啊。

接下来的那些日子，我不再抱怨，而是踏下心来和那些有意向的公司联系着。终于，我找到了一份比较合适的工作，虽然薪水不太高，但我很喜欢。

外婆在我22岁生日那天又对我说，虽然每个人都能拾到麦穗，但是，要想拾得多，就要付出更多的努力才行。

是啊，去和外婆拾麦穗时，没有人比她拾得更多。她总是会在拾割后的麦子地里拾起那些散落的麦穗，而我们往往只举着几枝。

以后的几年，我一直记得外婆的话，只要努力，就会拾到更多的麦穗。

果然，几年后我做得很出色，有了自己的一个创意公司，手下也有了员工，并且被人称为成功人士，但外婆却离开了我……

听完娟子的故事，我知道自己没怎么弯腰，相比较而言，我比娟子幸运得多，大学分配靠父母的关系做了国家公务员，然后一路稳妥地恋爱结婚，不再努力上进，所以，觉得生活无聊是件太正常的事情吧！

和娟子约会后，我和几个人组织了一个自助旅游队，自己驾车去拍片子，这是以前很向往却没有做的事情。我还和别人搞了一次摄影展，还学会了手工刺绣，时间终于在我的支配下变得忙碌起来，每天的生活那么鲜活。原来，只要认真寻找，一枝枝幸福的麦穗就在自己手里啊。

（佚名）

# 毗邻之墓

　　一个伟大的历史缔造者之墓，和一个无名孩童之墓毗邻之墓，这可能是世界上独一无二的奇观。

　　在纽约的河边公园里矗立着"南北战争阵亡战士纪念碑"，每年有许多游人来祭奠亡灵。美国十八届总统、南北战争时期担任北方军统帅的格兰特将军的陵墓，坐落在公园的北部。陵墓高大雄伟、庄严简朴。陵墓后方，是一大片碧绿的草坪，一直绵延到公园的边界、陡峭的悬崖边上。

　　格兰特将军的陵墓后边，更靠近悬崖边的地方，还有一座小孩子的陵墓。那是一座极小极普通的墓，在任何其他地方，你都可能会忽略它的存在。它的绝大多数美国人的陵墓一样，只有一块小小的墓碑。在墓碑和旁边的一块木牌上，却记载着一个感人至深的关于诚信的故事：

　　故事发生在两百多年以前的1797年。这一年，这片土地的小主人才五岁时，不慎从这里的悬崖上坠落身亡。其父伤心欲绝，将他埋葬于此，并修建了这样一个小小的陵墓，以作纪念。数年后，家道衰落，老主人不得不将这片土地转让。出于对儿子的爱心，他对今后的土地主人提出一个奇特的要求，他要求新主人把孩子的陵墓作为土地的一部分，永远不要毁坏它。新主人答应了，并把这个条件写进了契约。这样，孩子的陵墓就被保留了下来。

　　沧海桑田，一百年过去了。这片土地不知道辗转卖过了多少次，也不知道换过了多少个主人，孩子的名字早已被世人忘却，但孩子的陵墓仍然还在那里，它依据一个又一个的买卖契约，被完整无损地保存下来。到了1897年，这片风水宝地被选中作为格兰特将军陵园。政府成了这块土地的主人，无名孩子的墓在政府手中完整无损地保留下来，成了格兰特将军陵墓的邻居。

一个伟大的历史缔造者之墓，和一个无名孩童之墓毗邻之墓，这可能是世界上独一无二的奇观。

又一个一百年以后，1997年的时候，为了缅怀格兰特将军，当时的纽约市长朱利安尼来到这里。那时，刚好是格兰特将军陵墓建立一百周年，也是小孩去世两百周年的时间，朱利安尼市长亲自撰写了这个动人的故事，并把它刻在木牌上，立在无名小孩陵墓的旁边，让这个关于诚信的故事世世代代流传下去……

（佚名）

# 第四辑　感恩是一种高尚

人生在世，不可能一帆风顺，种种失败、无奈都需要我们勇敢地面对、旷达地处理。这时，是一味埋怨生活，从此变得消沉、萎靡不振？还是对生活满怀感恩，跌倒了再勇敢地爬起来？英国作家萨克雷说："生活就是一面镜子，你笑，它也笑；你哭，它也哭。"你感恩生活，生活将赐予你灿烂的阳光；你不感恩，只知一味地怨天尤人，最终可能一无所有！

# 装满银币的面包

感恩，是一种美德，是一种境界。那些懂得感恩的人，总会被生活、被命运所眷顾。

在一个闹饥荒的城市，有一个心地善良的面包师，家境比较殷实，看到城里这么多人连饭也吃不上，决定做点善事。他把最穷的几十个孩子聚集到一块，然后拿出一个盛有面包的篮子，对他们说："这个篮子里的面包你们一人一个。在上帝带来好光景以前，你们每天都可以来拿一个面包。"

瞬间，这些饥饿的孩子仿佛一窝蜂似的涌了上来，他们围着篮子推来挤去大声叫嚷着，谁都想拿到最大的面包。当他们每人都拿到了面包后，竟然没有一个人向这位好心的面包师说声谢谢，就走了。

但是有一个叫依娃的小女孩却很例外，她既没有同大家一起吵闹，也没有与其他人争抢。她只是谦让地站在一步以外，等别的孩子都拿到以后，才把盛在篮子里最小的一个面包拿起来。她并没有急于离去，她向面包师表示了感谢，并亲吻了面包师的手之后才向家走去。

第二天，面包师又把盛面包的篮子放到了孩子们的面前，其他孩子依旧如昨日一样疯抢着，羞怯、可怜的依娃只得到一个比头一天还小一半的面包。当她回家以后，妈妈切开面包，许多崭新、发亮的银币掉了出来。

妈妈惊奇地叫道："立即把钱送回去，一定是揉面的时候不小心揉进去的。赶快去，依娃，赶快去！"

当依娃把妈妈的话告诉面包师的时候，面包师面露慈爱地说："不，我的孩子，这没有错。是我把银币放进小面包里的，我要奖励你。愿你永远保持现在这样一颗平实、感恩的心。回家去吧，告诉你妈妈这些钱是你们的了。"

她激动地跑回了家，告诉了妈妈这个令人兴奋的消息，这是她的感恩之心得到的回报。

（佚名）

# 一杯牛奶的价值

只有我们先去善待别人，善意地帮助别人，才能处理好人与人之间的关系，才能使自己所做的事情获得成功，从而获得双倍的理解与快乐。

一天，一个贫穷的小男孩为了攒够学费正挨家挨户地推销商品。可他今天很不走运，劳累了一整天，也没有卖出去一件商品。此时的他饥渴难耐，但摸遍全身，却只有一角钱。这怎么办呀？这一角钱连半个面包也买不到。

于是，他决定向下一户人家讨口饭吃。当一位美丽的女孩打开房门的时候，这个小男孩却因为自尊，变得有点不知所措了，他没有要饭，只乞求给他一口水喝。这位女孩看到他很饥饿的样子，就拿了一大杯牛奶给他。

男孩慢慢地喝完牛奶，问道："我应该付多少钱？"年轻女孩回答道："一分钱也不用付。妈妈教导我们，施以爱心，不图回报。"男孩说："那么，就请接受我由衷的感谢吧！"说完男孩离开了这户人家。此时，他不仅感到自己浑身是劲儿，而且还看到上帝正朝他点头微笑。

其实，男孩本来是打算退学的。但由于女孩这个无意的举动，他对生活又重新充满了希望。

数年之后，那位年轻女孩得了一种罕见的重病，当地的医生对此束手无策。最后，她被转到大城市医治，由专家会诊治疗。当年的那个小男孩如今已是大名鼎鼎的霍华德·凯利医生了，他也参与了医治方案的制定。当看到病历上所写的病人的来历时，一个奇怪的念头霎时间闪过他的脑海。他马上起身直奔病房。

来到病房，凯利医生一眼就认出床上躺着的病人就是那位曾帮助过他的恩人。他回到自己的办公室，决心一定要竭尽所能来治好恩人的病。从那天起，他就特别地关照这个病人。经过艰辛努力，手术成功了。凯利医生要求把医药费通知单送到他那里，在通知单的旁边，他签了字。

当医药费通知单送到这位特殊的病人手中时，她不敢看，因为她确信，治病的费用将会花去她的全部家当。最后，她还是鼓起勇气，翻开了医药费通知单，旁边的那行小字引起了她的注意，她不禁轻声读了出来：

"医药费等于一满杯牛奶。霍华德·凯利医生"

（佚名）

# 两个慈善家

*当我们抱着感激的心态走进生活，你会惊喜地发现，那些蛰伏在我们心灵深处的美好种子，原本可以如此轻易地发牙，开花结果！*

斯迪尔是一位热心的企业家，他数十年来一直热心于慈善事业，不但得到了许多被资助者的爱戴，还被政府授予"慈善家"的称号。

每年圣诞节，都是斯迪尔的母亲最忙碌的时候。斯迪尔的母亲叫维蒂娅。圣诞节那天，维蒂娅几乎是从早上刚起床时开始，一直到晚上吃晚饭时，她都不停地接受人们的馈赠，维蒂娅收到的东西一律都是火鸡。由于平时忙于公司事务和慈善事业，好不容易在节日里才有空闲休息一下的斯迪尔忍不住问："妈妈，您这是在干什么呢？那些火鸡都是我派公司的工作人员送给那些穷人的，我们家并不缺少吃的东西呀，您干吗要收下它们呢？"

母亲维蒂娅并不理会他，依然在忙着收礼，嘴里还不时地说："真是太感谢您了，我正愁没人帮我去超市买火鸡呢。现在好了，有您送来的火鸡，我跟斯迪尔今天晚上便有吃的了。"终于将所有的人都打发走了，维蒂娅才转过身来跟儿子说话。

　　此时，斯迪尔正望着满屋子的火鸡发呆。维蒂娅说："斯迪尔，我的好孩子，我知道你是个慈善家，他们的东西也都是你赠送的。可是，我也是个慈善家呀，我也得为他们做一些事情吧。"

　　斯迪尔更加不解了："妈妈，哪有像您这样的慈善家呀，将自己儿子送给穷人的东西又要回来，您这不是在给我帮倒忙吗？"

　　维蒂娅平静地说："不，儿子，你说的不对。我这个慈善家跟你这个慈善家并不矛盾，你送出去的是物质，我送出去的是感激。每个人都有帮助别人的愿望，哪怕他是一个穷人。你送出去了物质，得到了感激；而我送出去了感激，得到了物质。我们同样帮助了别人，不是吗？"

（佚名）

# 最好的感谢

　　　　关心自己，善只要人人都献出一片爱，世界将变成美好的人间。待他人。

　　十几岁的亚斯有早起晨练的习惯。他有心脏病，医生不让他做高强度和剧烈的运动，但是亚斯还是愿意早起看看清晨，看看太阳，看看一天的开始是如何的美丽。

　　那是一个薄雾和轻烟笼罩的早晨，亚斯走到城市中央广场的时候，发现一个人倒在地上，身上浸满了露水，脸色发紫呼吸微弱，显然他正处在危险之

中。亚斯早已知道心脏病发作时的痛楚，他对这个陌生人的痛苦感同身受。

四周很静，真正晨练的人一般不会来这里。亚斯知道自己一个人无论如何也扶不起地上这个身材高大的人，怎么办？时间来不及了，亚斯顾不上医生的警告俯身拉起他的衣服。就这样，十二岁的亚斯用尽全身力气一点点地把这个人在地上拖行了二百米。终于有人发现了他们，亚斯只说了一句"快送他去医院"便昏倒在地。亚斯醒来后看到的是陌生人一脸的关切和自责，他说自己因贪杯醉倒在街头，如果不是亚斯救了他，医生说他会冻死在那里。

陌生人愧疚地说："对不起，医生告诉我说你的心脏病差一点就要了你的命，你是在拿你的命救我。真不知道该如何感谢你！"

亚斯笑了："我现在没事了，你也没事了。这就是最好的感谢！"

陌生人一定要报答亚斯。亚斯想了想说："我真的不需要你对我有什么报答，只是希望你能像我救你一样，尽自己所能，去救助比自己的处境还要差上许多的陌生人，我想这就足够了。"

许多年过去了，亚斯活过了比医生的预言长数倍的时间。他还是和以前一样乐观，并且真诚地对待每一个人，在需要的时候尽自己所能帮助别人。但是亚斯的病终于在一个冬天的早晨击倒了他。当时亚斯正在一个很偏僻的地方散步，忽然感到心口一阵剧烈的疼痛，亚斯挣扎了几下终于支持不住倒在了地上。

亚斯醒来时发现自己躺在医院里，身边站着一个十几岁的男孩，正瞪着一双大眼睛关切地看着他。亚斯很感激地握住男孩的手说："谢谢你，孩子，你救了我。你是怎么发现我的？"

男孩很开心的样子："我早上要去爷爷家陪他，正好路过那个地方，看到你躺在地上，我就想起了爷爷说他年轻的时候被一个和我一样大的男孩救起来的事。我想我也一定能够做到，于是我就使出全身的力气拉。幸好你还不算重，我成功了，回去后一定告诉爷爷。他告诉我要尽力帮助每一位需要帮助的陌生人，我今天做到了。"

亚斯不知道该如何形容自己的心情，一次对人施以援手竟会带来一生受用不尽的恩惠。

（佚名）

# 镇长的花圃

　　生活中充满了美，生活中充满了爱，只要你是有心人，只要你心中有爱，只要你能正确的对待生活，你的人生将会充满阳光，充满爱！

　　洛克菲勒年轻的时候就像当时很多的少年一样，年少无知，到处流浪，得过且过。不过，洛克菲勒怀有十分远大的理想，他期望自己有一天能够有一笔任由自己支配的巨大财富。

　　带着这个伟大的梦想，洛克菲勒来到了距离家乡很远的一个偏僻小镇。在这个小镇上，洛克菲勒结识了镇长杰克逊先生。杰克逊先生已经年过五旬，他一直以来都生活在这个虽不繁华但是却令自己倍感亲切的小镇上。他担任这个小镇的镇长已经很多年了，但是镇上的人们却从来没有想到要选举新的镇长来替换他。

　　的确，杰克逊实际上也是担任镇长的最佳人选，他性格开朗、为人热情，而且平易近人，更重要的是，他的心地十分善良。无论是当地人，还是来到这个小镇上的人，只要与杰克逊有过一定的接触，他们就会深切地感受到杰克逊的热情和善良，同时也会受到感染。

　　洛克菲勒住的小旅馆就离镇长杰克逊家不远。每当洛克菲勒站到旅馆旁的大门前向远方遥望时，他都会看到镇长家门口的那片长满各色鲜花的花圃。每次遇到洛克菲勒时，镇长都会停下忙碌的脚步问这个独在异乡的年轻人有什么需要帮忙的地方。当洛克菲勒需要一些生活用品时，热情的镇长夫人总是会十分高兴地给予帮助，而且镇长还会时不时地让女儿为洛克菲勒送去一些妻子做的可口点心。

　　在小镇上住了一段时间仍然感到一无所获的洛克菲勒决定过几天就离开

这个小镇了，在离开小镇之前他要特别感谢镇长给予他的关照。就在他准备向镇长告别的前几天，小镇迎来了连续几天的阴雨天气，洛克菲勒不得不继续留在这里，同时他也在心里咒骂着这该死的鬼天气。

小雨时断时续，每当雨滴停止的时候，洛克菲勒就会走出旅馆大门——实际上洛克菲勒就住在杰克逊家的斜对面，看看镇长家门前那些经雨露滋润而倍加娇艳的花朵。这一天，当他走出旅馆大门的时候，他看到镇上来来往往的人们已经把镇长家门前的花圃践踏得不成样子了。洛克菲勒为此感到气愤不已，他真为镇长和这些花朵感到惋惜，于是他站在那里指责那些路人的行为。可是第二天，路人依旧踩踏镇长家门前的那片可怜的花圃。

第三天，镇长拿着一袋煤渣和一把铁锹来到了泥泞的道路上，他用铁锹把袋子里的煤渣一点一点地铺到了路上。一开始洛克菲勒对镇长的行为感到不解，他不知道镇长为什么要替这些践踏自己家花圃的路人铺平道路。可是很快他就明白了镇长的苦心，原来有了铺好煤渣的道路，那些路人便再也不用踩着花圃走过泥泞的道路了。

（佚名）

# 上帝借走了我的眼镜

　　爱让你直面困难，挑战生命的极限，走过人生的低谷；当山穷水尽时，爱又能让人勇敢前行，最终到达柳暗花明的境界。

　　半个多世纪以前，确切地说，是 1945 年的春季。在美国，一名华裔木匠兢兢业业地做着自己的工作。

　　有一天，木匠正在赶着做一批板条箱，那是当地教堂用来装衣服运到中国去救助孤儿的。干完活回家的路上，木匠伸手到他的衬衣口袋里去摸他的

眼镜，突然发现他的眼镜不见了。木匠急得出了一身汗，在脑子里把他这一天做过的事细细地过滤了一遍，最终意识到在他不注意的时候，眼镜从衬衫口袋里滑落出去，掉进了他正在钉钉子的板条箱里。他又急又恼又无可奈何。

当时美国正值大萧条时期，木匠要养活 6 个孩子，生活非常吃紧，而那副眼镜就是那天早上他花了 20 美元买来的。木匠为要重新买一副眼镜而伤心不已。

"这不公平！"在回家途中，他沮丧万分，不停地嘀咕。

半年后，抗日战争胜利，中国孤儿院的院长——一位美国传教士，回美国休假。并拜访了木匠所在的芝加哥地区的那所小教堂。

传教士一开始讲话，就热情地感谢那些援助过孤儿的人们。

"最后，"他加重语气说，"我必须感谢去年你们送给我的那副眼镜。大家知道，日本人扫荡了孤儿院，毁坏了所有的东西，包括我的眼镜，我当时几乎绝望了。就算我有钱，在当时也没法重新配一副眼镜。由于眼睛看不清楚，我开始天天头疼，我和我的同事天天祈祷着能有副眼镜出现。然后，你们的箱子就运到了。当我的同事打开箱盖，他们发现一副眼镜躺在那些衣服上。"

"各位朋友，当我戴上那副眼镜时，我发现它就像是为我定做的一样！我的世界顿时清晰，头也不疼了。我要感谢你们，是你们为我做了这一切！"

人们听着，纷纷为那副奇迹般的眼镜而欢欣，但是他们同时也在想，这位传教士老兄肯定搞错了，我们可没有送过他眼镜啊——在当初的援助物资目录上，压根儿没有眼镜这一项。只有一个人清楚这是怎么一回事。他静静地站在后排，眼泪流到了脸上。

在所有的人当中，只有这个普通的木匠知道，上帝是以怎样奇特的方式创造了奇迹。

"原来，是上帝借走了我的眼镜，送给了他认为更需要的人。"

木匠双手合十，默默祈祷，泪水打湿了他的双手。

（佚名）

# 一切都是最好的安

笑对成败，不以物喜，不以己悲，淡看生命的天空云卷云舒，才是人生历练的至极。

从前有一个国家，地不大、人不多，人民过着丰衣足食、悠闲快乐的生活，因为他们有一位不喜欢做事的国王和一位不喜欢做官的宰相。

国王没有什么不良嗜好，除了打猎以外，最喜欢与宰相微服私访。宰相除了处理国务以外，就是陪着国王下乡巡视，他最常挂在嘴边的一句话就是"一切都是最好的安排"。

有一次，国王兴高采烈地到大草原打猎。他兴奋地追逐着一头花豹，一直追到花豹的速度减慢时，国王才从容不迫弯弓搭箭，嗖的一声，利箭像闪电似的，一眨眼就飞过草原，花豹惨吼一声，扑倒在地。国王很开心，他眼看花豹躺在地上许久都毫无动静，就下马检视花豹。谁想到，花豹突然跳起来，使出最后的力气向国王扑过来。还好，随从及时赶上，立刻发箭射入花豹的咽喉。

国王看看手，小指头被花豹咬掉小半截。虽然伤势不算严重，但国王的兴致被破坏光了。本来国王还想找人责骂一番，可是想想这次只怪自己冒失，所以闷不吭声，随即黯然回宫去了。回宫以后，国王越想越不痛快，就找了宰相来饮酒解愁。

宰相知道了这事后，一边举酒敬国王，一边微笑说："大王啊！少了一小块肉总比少了一条命来得好吧！想开一点，一切都是最好的安排！"

国王一听，闷了半天的不快终于找到宣泄的机会。他凝视宰相说："嘿！你真是大胆！你真的认为一切都是最好的安排吗？"

宰相发现国王十分愤怒，却也毫不在意地说："大王，真的，如果我们能够超越自我一时的得失成败，确确实实，一切都是最好的安排。"

国王说："如果我把你关进监狱，这也是最好的安排？"

宰相微笑着说："如果是这样，我也深信这是最好的安排。"

国王勃然大怒，双手一击，两名侍卫立刻近前，国王说："你们马上把宰相关起来！"

国王大手一挥，两名侍卫就架着宰相走出去了。

过了一个月，国王养好伤，打算像以前一样找宰相一起微服私巡。可是想到是自己亲口把他打人监狱的，一时也放不下身段释放宰相，就独自出游了。

走着走着，来到一处偏远的山林，忽然从山上冲下一队脸上涂着红黄油彩的蛮人，三两下就把他五花大绑，带回高山上。很快，大祭司现身，当众脱光国王的衣服，露出他细皮嫩肉的龙体，大祭司啧啧称奇，想不到现在还能找到这么完美无瑕的祭品！

原来，今天这些人要祭祀满月女神，所以，祭祀品丑一点、黑一点、矮一点都没有关系，就是不能残缺。就在这时，大祭司终于发现国王的左手小指头少了小半截，他忍不住咬牙切齿咒骂了半天，忍痛下令说："把这个废物赶走，另外再找一个！"

脱困的国王大喜若狂，飞奔回宫，立刻叫人释放宰相。在御花园设宴，为自己保住一命，也为宰相重获自由而庆祝。

国王向宰相敬酒说："宰相，你说的真是一点也不错，果然，一切都是最好的安排！如果不是被花豹咬一口，今天连命都没了。"

宰相回敬国王，微笑说："贺喜大王对人生的体验更上一层楼了。"

过了一会儿，国王忽然问宰相说："我侥幸逃回一命，固然是'一切都是最好的安排'，可是你无缘无故在监狱里蹲了一个月，这又怎么说呢？"

宰相慢条斯理地喝下一口酒，才说："大王！您将我关在监狱里，确实也是最好的安排啊！您想想看，如果我不是在监狱里，那么陪伴您微服私巡的人，不是我还会有谁呢？等到蛮人发现国王不适合拿来祭祀满月女神时，谁会被丢进大锅中烹煮呢？不是我还有谁呢？所以，我要为大王将我关进监狱而向您敬酒，您也救了我一命啊！"

（佚名）

# 苦难的幸福

　　我的朋友。一旦你拥有了一颗感恩的心，你会发现许多美好的事物就在你的身边，就会在每一个清晨又怀揣一份希望和期待，就会对明天产生美好的憧憬和向往，就会对你身边的人示以友善和温暖，就会每天拥有一个好心情……

　　男孩子格林的父母离异了。家庭的变故使他变得郁郁寡欢，不但学习成绩下降，还动不动对同学发脾气。大家都知道他的痛苦，所以也没有同学和他计较。

　　也许是为了平衡自己内心的混乱，他每天吃完晚饭都一个人在操场上转圈，一圈又一圈。谁都想帮他，可是，就是没有人能够安慰他。

　　就在这个时候，班里一个并不起眼的同学杰克出现在他的身边。于是，在学校的操场上经常能够看到两个并肩而行的身影。

　　就这样，又过了一段时间，格林完全从父母离婚的阴影中走了出来，又融入了温暖的大家庭。

　　大家在多年以后的一次同学聚会上又见到了杰克，当同学们提起那段往事的时候，格林微笑着对大家说："其实没什么神秘的，你们并不知道，我父母在我上中学的时候就离婚了。在那段痛苦的日子里，我发奋学习，结果考上了大学。回首那段生活，我发现自己成熟了、独立了、坚强了。我只不过是把自己的这段经历告诉了他而已。"

　　这样的答案让大家很吃惊，因为整整四年，全班同学没有一个人知道杰克的身世，而且，他还一直生活得那么快乐、豁达。当大家问他为什么会做到这样时。

　　格林说："我们需要感谢生活嘛！在生活中，很多人会自觉或不自觉地问起这个问题，尤其是当我们面对生活中种种不如意的时候。我想当好运来临的时候，我们都会感恩生活。可是，当生活不尽如人意的时候，我们大多数人会抱怨生活。但是，生活常常不会因我们的抱怨而变得美好起来，有的时候，还会因为我们的抱怨而变得更加糟糕。经历了不如意，我学会了感恩生活。因为，正是那段家庭的变故，才成就了今天的我。"

（佚名）

# 给别人留有余地

　　给别人留有余地，往往就是给自己留下了生机与希望。

　　在犹太人聚集的以色列农村，每当收割成熟庄稼的时候，靠近路边的庄稼地四个角都要留出一部分不收割。这四个角的庄稼，只要需要，任何人都可以享用。他们认为，是上帝给了曾经多灾多难的犹太民族今天的幸福生活，他们为了感恩，就用留下田地四角的庄稼这种方式报答今天的拥有。这样既报答了上帝，又为那些路过此地又没有饭吃的贫困的路人给予方便。庄稼是自己种的，留一点给别人收割，他们认为，分享是一种感恩，分享是一种美德。

　　无独有偶，韩国北部的乡村公路边有很多柿子园。金秋时节，这里随处可见农民采摘柿子的忙碌身影，但是采摘结束后，有些熟透的柿子也不会被摘下来。这些留在树上的柿子，成为一道特有的风景，一些游人经过这里时都会说，这些柿子又大又红，不摘岂不可惜。但是当地的果农则说，不管柿子长得多么诱人，也不会摘下来，因为这是留给喜鹊的食物。

　　是什么使得这里的人留有这样一种习惯？原来，这里是喜鹊的栖息地，每到冬天，喜鹊都在果树上筑巢过冬。有一年冬天，天特别冷，下了很大的雪，几百只找不到食物的喜鹊一夜之间都被冻死了。

第二年春天，柿子树重新吐绿发芽，开花结果了。但就在这时，一种不知名的毛虫突然泛滥成灾。那年柿子几乎绝产。从那以后，每年秋天收获柿子时，人们都会留下一些柿子，作为喜鹊过冬的食物，留在树上的柿子吸引了许多喜鹊到这里度过冬天，喜鹊仿佛也会感恩，春天也不飞走，整天忙着捕捉树上的虫子，从而保证了这一年柿子的丰收。在收获的季节里，别忘了留一些柿子在树上。因为，给别人留有余地，往往就是给自己留下了生机与希望。

（佚名）

# 黄丝带

　　　　尊重别人就是尊重自己，宽容别人，才会给自己带来广阔的天空。

某年，几个男女青年从纽约去佛罗里达州海滨度假。他们搭上一辆长途汽车，一路上兴高采烈，有说有笑，好不快活。

不久，这些青年人的注意力被车上的一位旅客所吸引了。这人衣衫褴褛，边幅不修，乱蓬蓬的头发和刺猬式的胡须遮住了大半个脸孔，简直无法估计他的年龄。他默默地靠在自己的座位上，两只忧伤的眼睛毫无目的地望着窗外，好比一尊僵硬的石像。

青年人有的是猫样的好奇心。他是谁？是干什营业的？是个失业者，还是一名流浪汉？一连串的疑问。

深夜，长途汽车华盛顿郊区，在一家希腊人开设的餐馆门前暂时休息。青年门嘻嘻哈哈下了车。跑进餐厅狼吞虎咽地吃了一个饱，他们回到车上，那尊"石像"仍然一动不动地坐在那里。

"先生，你难道不饿？"一个好心的女孩子忍不住问。递过去身边带着的点心和饮料。

"谢谢!"他总算开口了,伸手接了过去,一下子就吃了个精光,仿佛多大没进过食似的。

长途汽车继续赶路,这个使人疑云重重的怪客把自己关闭在一个人的天地中,一言不发。他一定是有什么心事。第二天早晨,这些青年从睡梦中醒来,发现他还是那个样。长途汽车又靠了站。这回,他们邀请他下车,一起进餐。他迟疑着同意了。但他只点了一杯清咖啡和一块煎饼。这些青年人的无忧无虑多少感染了他,终于露出了一丝笑容,悲哀的笑容。

"你去佛罗里达?先生?"一个青年问。

他点点头。

"回家去?"

"不知道。"

"你有家吗,先生?"

"不知道。"

青年人大惑不解了。

他转过脸来,神情是那么忧郁:"我是一个囚犯,刚刚蹲满4年牢。"

于是,他慢慢说出了自己辛酸的经历。他曾经有一个美好的家。一件误伤罪使他锒铛入狱。当他情绪安稳下来时,在牢房里写信给心爱的妻子,通知她,他已是一个罪犯,他不能让妻子和儿女为了他而丢脸,而受苦。他在信上说,"你可以忘掉我,另外找一个男人。"

"她怎么说,先生?"

"她没有回信,一直没有回信,整整3年多了。"

"你就失望了,先生?"

"不。我心里一直想念着她和孩子。当我得知我将被假释后。我又写信给她。在我们家的镇口上,有棵高大的老橡树。我建议,如果她还是一个人,如果还要我,就在老橡树上挂一块黄手帕,我看到了就回家。要不,我就没有家了。"

一阵子沉默。长途汽车在行进,离那个小镇越来越近,他的脸色也越来越凝重,他的牙齿紧紧咬着嘴唇,几乎咬出了血。这个等待已久的谜底就要

揭晓了，命运就要决定了。

结局是美好的。那株高高的老橡树上，真的挂着黄手帕，不是一条、十条，而是上百条，它们还迎风招展，似乎等着这位回头浪子的归来。青年人拥抱他，为他祝福，他却流下了眼泪。

（佚名）

# 曾参杀猪

> 诚信确确实实是做人、立业之本。我们每个人都有义务从自身
> 做起，恪守诚信，让诚信成为我们为人做事的准则；

孔子有个学生名叫曾参，他的德行很好，很受孔子的器重。

一个晴朗的早晨，曾参的妻子梳洗完毕，换上一身干净整洁的蓝布新衣，准备去集市买一些东西。她出了家门没走多远，儿子就哭喊着从身后撵了上来，吵着闹着要跟着去。

妻子觉得集市离家太远，带着年幼的孩子很不方便，因此就对儿子说："乖孩子，你回去在家等着妈妈，我买了东西一会儿就回来。你不是爱吃妈妈做的酱猪肉吗？等我回来以后杀了猪就给你做。"

这话还真的挺管用呢！她儿子一听，立即不吵闹着要跟妈妈一起去了，乖乖地望着妈妈一个人远去。

曾参的妻子从集市回来时，还没跨进家门就听见院子里捉猪的声音。她进门一看，原来是曾参和儿子一起到猪圈里去捉猪，准备杀猪做好吃的东西。她急忙上前拦住丈夫，说道："你这是干什么呢？"

曾参说："你不是跟儿子说等你回来就杀猪给他吃肉吗！"

妻子一听就笑了，说："当时他在闹，我是说着哄他的！家里只养了这几头猪，都是逢年过节时才杀的。你怎么拿我哄孩子的话当真呢？"

曾参说："在小孩面前是不能撒谎的。他们年幼无知，经常从父母那里学习知识，听取教诲。如果我们现在说一些欺骗他的话，等于是教他今后去欺骗别人。虽然做母亲的一时能哄得过孩子，但是过后他知道受了骗，就不会再相信妈妈的话。这样一来，你就很难再教育好自己的孩子了。"

曾参的妻子觉得丈夫的话很有道理，于是心悦诚服地帮助曾参杀猪去毛、剔骨切肉。没过多久，曾参的妻子就为儿子做好了一顿丰盛的晚餐。

（佚名）

# 一个动人的故事

"诚信"精神就是培养人的高尚道德情操、指引人们正确处理各种关系的重要道德准则。

在纽约的河边公园里，有一个有名的景点：南北战争阵亡战士纪念碑，每年有许多游人来祭奠亡灵。美国第十八届总统，南北战争时期担任北方军统帅的格兰特将军的陵墓，坐落在公园的北部。陵墓高大雄伟、庄严简朴。陵墓后方，是一大片碧绿的草坪，一直绵延到公园的边界——陡峭的悬崖边上。

格兰特将军的陵墓后边，更靠近悬崖边的地方，还有一座小孩子的陵墓。那是一座极小极普通的墓，在任何其他地方，你都可能会忽略它的存在。它和绝大多数美国人的陵墓一样，只有一块小小的墓碑。在墓碑和旁边的一块木牌上，却记载着一个感人至深的关于诚信的故事：

1797 年，这片土地的小主人才五岁，不慎从这里的悬崖上坠落身亡。其

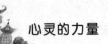
父伤心欲绝，将他埋葬于此，并修建了这样一个小小的陵墓，以作纪念。数年后，家道衰落，老主人不得不将这片土地转让。出于对儿子的爱心，他对今后的土地主人提出一个奇特的要求，他要求新主人把孩子的陵墓作为土地的一部分，永远不要毁坏它。新主人答应了，并把这个条件写进了契约。这样，孩子的陵墓就被保留了下来。

沧海桑田，一百年过去了。这片土地被辗转卖过很多次，也换了无数个主人，孩子的名字早已被世人忘却，但孩子的陵墓仍然还在那里，它依据一个又一个的买卖契约，被完整无损地保存下来。

到了1897年，这片风水宝地被选中作为格兰特将军陵园。政府成了这块土地的主人，无名孩子的墓在政府手中完整无损地保留下来，成了格兰特将军陵墓的邻居。一个伟大的历史缔造者之墓，和一个无名孩童之墓毗邻之墓，这可能是世界上独一无二的奇观。

又一个百年之后的1997年，为了缅怀格兰特将军，当时的纽约市长朱利安尼来到这里。那时，刚好是格兰特将军陵墓建立一百周年，也是小孩去世两百周年的时间，朱利安尼市长亲自撰写了这个动人的故事，并把它刻在木牌上，立在无名小孩陵墓的旁边，让这个关于诚信的故事世世代代流传下去。

（佚名）

# 爱是世界的回音壁

倘若世界是一堵墙壁，那么爱是世界的回音壁。就像刚才我们的回音，你以什么样的心态说话，它就会以什么样的语气给你回音。

有个青年总是愤世嫉俗，在学习、生活、工作中遭遇了许多误解和挫折，由于得不到别人的理解，渐渐地养成了以戒备和仇恨的心态看待看待他人的习惯。在压抑郁闷的环境中，他感觉整个世界都在排斥他，因此度日如年，几乎要崩溃。

有一天为了散心，他登上了一卒景色宜人的天山。坐在山上，他无心欣赏幽雅的风景，想想自己这些年的遭遇，内心的仇恨像开闸的洪水一样，忍不住大声对着空荡幽深的山谷喊："我恨你们！我恨你们！我恨你们！"话一出口，山谷里传来同样的回音："我恨你们！我恨你们！我恨你们！"他越听越不是滋味，又提高了喊叫的声音。他骂得越厉害回音越大越长，扰得他更恼怒。

就在他再次大声叫骂后，从身后传来了"我爱你们！我爱你们！我爱你们！"的声音，他扭头一看，只见不远处寺庙里一方丈在冲着他喊。

片刻后方丈微笑着向他走来，他见方丈面善目慈，便一股脑说出了自己所遭遇的一切。

听了他的讲述，方丈笑着说："晨钟暮鼓惊醒多少江湖名利客，经声佛号唤回无边苦海梦中。我送你4句话。其一，这世界上没有失败，只有暂时没成功。其二，改变世界之前，需要改变的是你自己。其三，改变从决定开始，决定在行动之前。其四，是自己的决心，而不是环境在决定你的命运。你不妨先改变自己的习惯，试着用友善的心态去面对周围的一切，你会有意想不到的快乐。"

他半信半疑，表情很复杂。方丈看透了他的心思，接着说道："倘若世界是一堵墙壁，那么爱是世界的回音壁。就像刚才我们的回音，你以什么样的心态说话，它就会以什么样的语气给你回音。爱出者爱返，福往者福来。为人处事许多烦恼都是因为对外界苛求昨太多而产生的。你热爱别人，别人也会给你爱；你去帮别人，别人也会帮助你。世界是互动的，你给世界几份爱，世界就会回你几份爱。爱是人的收获远远大于恨带来的暂时的满足。"

听了方丈的话他顿悟，愉快地下山了。

回去后他以积极、健康、友爱的心态对待身边的一切，他和同事之间的误解没有了，没有人和他过不去，工作上他比以往顺利了，他发现自己比以前快乐多了。

（佚名）

# 做生意的"秘诀"

诚信是为人之道，是立身处事之本，是人与人相互信任的基础。

有一对夫妻，开了家烧酒店，自己烧酒自己卖。丈夫是个老实人，为人真诚、热情，烧制的酒质量也好。有道是"酒香不怕巷子深"，一传十、十传百，烧酒店生意兴隆，附近的人都来买，烧酒常常供不应求。

看到生意如此之好，夫妻俩便决定追加投资，再添置一台烧酒设备，扩大生产规模，增加酒的产量。

这天，丈夫要出远门，外出购买设备。临行之前，把烧酒店的事都交给了妻子，就放心上路了。

一个月以后，丈夫外出归来。妻子一见丈夫，便按捺不住内心的激动，神秘兮兮地说："这几天，我可知道了做生意的秘诀，像你那样永远发不了财。"

丈夫一脸愕然，不解地说："做生意靠的是信誉，咱家烧的酒好，卖的量足，价钱合理，所以大伙才愿意买咱家的酒，除此还能有什么秘诀。"

妻子听后，用手指着丈夫的头，自作聪明地说："你这脑袋不行了，现在谁还像你这样做生意。你知道吗？这几天我赚的钱比过去一个月挣的还多。秘诀就是，我给酒里兑了水。"

丈夫一听，生气地说："你怎么这么笨！这种坑顾客的行为，瞒不住人的。当初别人能尝出我们的烧酒质量好，店里生意才红火。既然能尝出好酒，也能尝出兑水的酒，这样会把我们苦心经营的牌子给砸了！"

果然，来买酒的人逐渐少了起来。丈夫私下打听，原来是有人喝出这家的酒不如以前地道了，似乎兑过水。

不久，附近趁机有人另开了一家烧酒店，把他们的生意挤垮了。

巳、戊午、己未、庚申、辛酉、壬戌、癸亥。

（佚名）

# 以诚信治天下

　　　信用是一种彼此的约定，尽管它无体无形，但却比任何法律条文更具震撼力和约束力。

　　公元前4世纪，意大利一位名叫皮斯阿司的年轻人触犯了国王，被判绞刑，几天后将被处死。皮斯阿司是个孝子，在临死之前，他只有一个心愿，就是能与远在百里之外的母亲见最后一面。他是这个世界上母亲唯一的亲人，现在不能为母亲养老送终，他觉得很难过，无论如何也要回家对母亲表达下歉意。

　　他的这一要求被告知了国王。国王被他的孝心所感动，允许他回家，但是他必须为自己找个替身，暂时替他坐牢。这是一个听起来挺简单，却几乎不可能实现的条件。有谁肯冒着生命危险替别人坐牢呢？这岂不是自寻死路吗？但大千世界，无奇不有。还真有这个一个人愿意替别人坐牢，他就是皮斯阿司的朋友达蒙。

　　达蒙住进牢房以后，皮斯阿司回家与母亲诀别。人们都静静地看着事态的发展。日子一天天过去了，皮斯阿司还没有回来，眼看刑期就快到了。一时间人们议论纷纷，都说达蒙上了皮斯阿司的当。

　　行刑日是个雨天，当达蒙被押赴刑场之时，围观的人很多，都在看这个事情如何解决。有人幸灾乐祸，嘲笑他的愚蠢；也有人替达蒙不值，怎么交上这么一个卑鄙的朋友，最后把自己的小命都给搭上了。但是刑车上的达蒙

面无惧色，慷慨赴死。

追魂炮被点燃了，绞索也已经挂在达蒙的脖子上。胆小的人都吓得紧闭了双眼，他们在内心深处为达蒙深深地惋惜，并痛恨那个出卖朋友的小人皮斯阿司。但就在这千钧一发之际，在淋漓的风雨中，皮斯阿司飞奔而来，他高喊着："我回来了！我回来了！"

这一幕太惊人了，许多人都还以为自己是在梦中。这个消息宛如长了翅膀，很快便传到了国王的耳中。国王闻听此言，也以为这是谎言。他亲自赶到刑场，要亲眼看一看自己优秀的子民。最终，国王万分喜悦地为皮斯阿司松了绑，并亲口赦免了他的刑罚。

在赦免的现场，国王当众宣布了自己要以信用立国，以信用治天下的政令，并宣布任命皮斯阿司为司法大臣，任命达蒙为礼仪大臣，协助国王治理国家。国王说，他为自己的国家有这样的子民感到高兴，为自己的国家有这样信用和义气的子民感到自豪。他相信，他们两个人一定会辅助他把国家治理成信用礼仪之邦。

事实上，正是这两个人在担任了大臣以后，以诚信治天下，使意大利走向了历史最辉煌的全盛时代。

（佚名）

# 不，我不说谎

诚实会给一个人带来长远利益，它是一种取之不尽、用之不竭但又花钱买不来的无形的巨大的资产。

每年5月2日，美国孩子都要举行各种活动，来庆祝一个具有特殊意义的节日——诚实节。这个节日来自一个悲惨而又真实的故事。

许多年以前，在美国的威斯康星州蒙特罗市，有一个名叫埃默纽·旦南的孩子。他生下来后，家里连遭不幸，父母先后去世。而这时，他才5岁。就在走投无路之际，一个年老无子，名叫诺顿的酒店老板收养他。旦南绝处逢生，就认诺顿夫妇为养父母。

　　旦南年龄虽小，但过早到来的各种忧患和磨难，使他变得很懂事。诺顿的酒店不大，有什么活他都抢着干，对养父母也很尊敬、孝顺。一家三口日子过得还算和顺。转眼间，三年过去了，旦南长到了8岁，变得更懂事了。

　　他渐渐发现，养父母不是正派人。小酒店出卖兑了水的酒，还要记花账，多收钱。诺顿夫妇总是挖空心思地算计怎样坑骗顾客。旦南看在眼里，很不满意，经常苦劝养父母不要挣昧心钱。诺顿非但不听，有时候还顺手给他两巴掌，骂他吃里爬外。久而久之，他对这孩子越看越不顺眼，加在他身上的拳脚也越来越多。

　　一天傍晚，来了一个小贩。他一进门，就和诺顿夫妇吵了起来。旦南侧耳细听，好像为了什么账目问题，当天晚上，小贩便留宿在酒店里，诺顿的心情似乎很不好，吃饭的时候喝了好多酒。而且很早就把旦南轰到了楼上，还挥舞着拳头警告他，今天夜里他要敢跑下楼来，就打断他的"狗腿"。旦南躺在床上，又惊又怕。近一年来，养父虽然经常打他，但这样凶巴巴的，在他记忆中还是第一次。而且，从养父那闪动不定的目光中，总感觉今夜会有不寻常的事发生。

　　后半夜，好不容易才睡着了的旦南，被一阵激烈的争吵声吵醒了。他从床上下来，把耳朵贴在楼板上，听见养父和小贩正在用最肮脏、最下流的语言对骂。又过了一会儿，只听"啊"的一声惨叫，随后就是一片寂静，一点儿声音也没有了。旦南尽管吓得浑身发抖，还是披起衣服，蹑手蹑脚地走下楼来，把脸贴在养父母房间的大门上，顺着门缝向里看去。

　　这一看，把他吓得手脚冰凉。只见那小贩倒在地上，胸口上插着的一把刀子还在轻轻地颤动。养母站在旁边，搓着两手，不停地嘟囔着："你杀了他，这怎么好？他死了，死了……"旦南顿时觉得头晕目眩，眼前金花乱冒，身子猛然往前一栽，只听"呼"的一声，一头磕在了门框上。

　　诺顿一愣，立即大步跨过来，推开门，抓住旦南的头发，把他拖了进来。

诺顿眼珠转了转，脸色和缓了下来，他让茫然不知所措的旦南坐下，和颜悦色他说："孩子，你都看见了，是这小贩进来行凶，爸爸在自卫中才失手杀了他，对吧？这把刀也是他带来的，对吧？明天警察来了，你就这样说。"

旦南像木头人一样坐在那里，眼睛一直没离开小贩的尸体。过了好半天，他突然"扑通"一声跪在地上，把头埋在养父的膝盖上，声泪俱下他说："爸爸，你说得不对。我知道，是你杀了人。爸爸，我求你，你快去警察局自首吧！那样，我们一家人才能都活下去……"

诺顿气得脸都变成了猪肝色，抬起腿当胸一脚，把旦南踢倒在地上，声嘶力竭地喊道："你这个小杂种，想把爸爸送上法庭吗？快说，是那小贩要行凶……"

"不！"旦南捂着胸口，抬起头，说："我不能说谎，是你杀了人，你应该去自首……"

"啪！"的一声，旦南又挨了一记耳光。养母也扑上来，一边拳打脚踢，一边拿出一根绳子，把旦南结结实实地捆起来。然后，夫妇俩一起动手，把他吊到了楼板上。

诺顿取来一根鞭子，"啪"的一声抽在旦南身上，说："好啊，你不说谎！那你就去死吧！"

"死，我也不说谎！"旦南的头上，豆粒大的汗珠不断渗出来，但仍然很倔强地说。

鞭子雨点般落在旦南身上，养母又取来一根棍子，没头没脑地乱打一顿，边打边喝问："快说，这小贩是怎么死的？说对了就放你下来。"

"是……你……"旦南睁开黯然无光的眼睛，有气无力地说。

鞭子、棍子再一次雨点般打下来，旦南浑身抽搐着，突然喊了一声："不，我不说谎！"头就猛然垂到了胸前，一动不动了。

诺顿夫妇面面相觑，这才知道又闯下了大祸，也颓然倒在地上。

天网恢恢，疏而不漏，诺顿夫妇虽然在法庭上百般狡辩，还是以谋杀罪被逮捕，受到了应得的惩罚。事后，蒙特罗市政府为纪念这个宁死也不肯说谎的孩子，为旦南建造了一块纪念碑和一个塑像，并决定5月2日他死的那天为诚实节。那块纪念碑上镌刻着：怀念为真理而死的人，他在天堂永生。

现在，每到这一天，纪念碑前就堆满了表示哀悼的白色小花。每一个走过这里的人，都要摘下帽子，向这无畏的诚实者致敬。老师、家长，也都要给孩子们讲一遍旦南的故事。

（佚名）

# 诚实的陈策

在生活、学习、工作中，诚实的力量是无穷的！

南宋时的一天，陈策去集市上买回了一匹骡子。

这骡子精壮精壮的，毛色发亮，走起路来四只蹄儿像翻花。喜得陈策连声说："好骡，好骡。"

第一次用这骡子，是要从西域的恒顺运一些丝绸到他的铺子。伙计将鞍放上骡子的背，想不到骡子突然暴怒起来，上蹿下跳，连鞍都摔在地上，把几个伙计吓了一跳。这骡怎么啦？伙计把骡捉住，又试了几次。但只要鞍一上骡背，它就发怒一般暴躁蹦跳。"这是一匹伤鞍的骡，老主人养成的。"陈策说。

"骡子不能负重，就是废物。"邻居说，"还是把它送还原来的主人，或者卖掉吧！"可陈策不忍心这样做。受了欺骗，他就这样认了，他叫伙计把骡子关到城外闲置的老屋子里，每天供给它一些简单的草料。他说："就等它慢慢地老死吧。对畜生这样狠的主人，就是畜生！"他对骡子的前主人依然耿耿于怀。

他的儿子对父亲的做法很有些想法，他还是想把骡子卖掉。但这个念头他不敢跟父亲说，他有点怕父亲。所以后来做的事他都是瞒着父亲干的。

他找到一个平时比较熟的马贩子，说："你想法把我这头骡子卖了，我多给你中介费。"

马贩子说："谁都知道你父亲的脾气，他会说我们的。你父亲知道了，气得要冒烟的。"

"没事，一切后果我负责！"

机会终于来了。有一个路过南城的官人的马死了，便来到骡马市场，想再买一匹。马贩子瞄见了他，上前说："有一匹上好的骡子，因为负重时受了点伤，把背磨破了，主人要赶生意，急着就把它卖了，你要不要看看？"

官人随他过去见这匹精壮的骡子，毛色发亮。官人连声夸："好骡，好骡。"

马贩子说："就是背上有些伤，稍养一养就好了。"

骡子的背上有一些新鲜的擦伤，是被陈策的儿子和马贩子磨出来的。官人和当时的陈策一样，毫不犹豫就买下了。他说："我的日程宽裕，暂不用它，只与我随行即可。"

但陈策还是知道了这件事——可当时已经晚了，那官人早已离开南城五天了。

陈策骑上马，沿官道追。晓行夜宿，沿路打问。他花了两天时间，赶上了那匹骡子。

那骡子见了他，不走了，磨磨蹭蹭要靠近他。想说什么说不出来，只知道犟着不走。陈策向官人行礼，说："这是一匹伤鞍的骡子，不能负重。"

官人疑心他舍不得这精壮的骡子，要反悔，就说："伤鞍的骡子我也要。"

陈策解下自己的马鞍，递给官人，说："不信，你试试。"

官人说："我不试。"

陈策叹一口气："我以诚待你，你却疑我欺诈，既如此，我在家等你。"说完，策马回家了。

不久，官人返回了南城。他找到了陈策，说："我来并不是为了讨回银两，而是特为谢罪而来。你待我以至诚，竟受我小疑。哎，惭愧呀！"

陈策这个人就是这个样子。时近年关，铺子里的生意火一样旺。赵官人家的管家来铺子里买丝绸与银器。官人家张灯结彩，闺女要出嫁呢。陈策恭喜之后，说："丝绸没货了。"

陈策这个人不说假话的，但他这句话是假话，马上遭到了管家的诘问：

"不对呀，不久前还看过你库房里的丝绸，难道是别人预订了不成？"

陈策说："库房里有些丝绸，但那是有人欠铺子里钱抵押的陈货，放得时间很长了，经纬怕有些腐了，受不得力。听说府上千斤大喜，怎么能把这种东西卖给你们呢？"

陈策一边说一边搬出银器，擦亮，说："这些也是人家抵账的货，也不知道是不是真银器。"说着，将银器一件件投到柜台里的火盆中，说："我给你验验。"

（佚名）

# 信　任

　　信任别人就等于信任自己。学会信任，就拥有美好的未来。

　　每次去外婆家的路上，总见一块立在公路边用大红漆写在黄色板上的告示：桃子——自采——三里路。真有趣。终于，有一天，我和丈夫决定去看个究竟。

　　从公路拐过去不到一英里，路边出现了一块醒目的告示板，板上画着黄色的桃子，红色的箭头向右指。"没有三英里吧。"我说。只见前面是条泥石小路。汽车往前又开了一会儿，一个红色箭头又把我们带向野草茂盛的小路。总之，每当转个弯，眼看就要失去方向时，箭头又出现了。

　　汽车行驶了大约三英里时，我们发现路边有条大黄狗，它似乎在等着我们的到来。我们把车停在一棵老橡树的树阴下，小屋旁有两条狗和几只猫，不远处一片桃林尽收眼底。屋前有一张木桌，桌上搁着几只竹篮，篮下压着一张纸条，上面写道："朋友，欢迎您。每篮桃子五元钱，尽管自己采，然后把钱放在箱子里，祝您愉快！"

"怎么才知道该从哪儿开始呢？"我的先生自语道。

"能啊，"我看着那几条狗大声说，"喂，小家伙们，你们愿意去桃林吗？"狗在我们身边跳跃欢吠，然后撒腿向前跑去。显然它们是在为我们领路哩。

钻进果林，根深叶茂的果树上结满了丰实的果子，一股沁人心脾的香味使人馋涎欲滴。我立即向一棵大桃树跑去，先生跑向另一棵。我们沉浸在亲手摘果实的欢愉中。不一会，两只大篮子装满了又香又甜的大桃子，我俩提着沉甸甸的篮子跟着小狗们往回走。

把桃子小心翼翼地装进汽车，我掏出钱包，这才发现钱箱旁躺着一只大花猫。"你认为它会数钱吗？"我对丈夫说。

"也许会学会的。"先生淘气地回答。

与那几条热情好客的狗说过再见后，我们上了车。这时又有一辆车朝这儿驶来："你们住这儿吗？"开车人问道。

"不。不过，它们会带你去果园的。"我们指着那些狗说。我们见那人读了桌上的留言，提上篮子，跟着蹦蹦跳跳的小狗朝果园走去。

汽车慢慢朝来路驶去。我不禁回头，久久地注视着那片果林，那间小屋，那张木桌和那道木栅栏——一个朴实而又纯洁的地方，在那儿，我们得到的是人与人之间的信任和被信任的喜悦。

（佚名）

# 第五辑　用美德占据灵魂

古罗马人有两座圣殿，一座是美德的圣殿，一座是荣誉的圣殿。他们在安排座位时有一个顺序，即必须经过前者的座位，才能达到后者——前者是通往后者的必经之路。

让我们记住这句话：播种行为，收获习惯；播种习惯，收获性格；播种性格，收获命运。重视品性修炼、愿意为塑造自己品性而努力的人，事业和人生都会给他意想不到的加倍回报。

# 化蛹为蝶

有些东西我们无法改变，比如低微的门第，丑陋的相貌，痛苦的遭遇。这些都是我们生命中的"茧"。但有些东西则人人都可以选择，比如自尊、自信、毅力、勇气，它们是帮助我们穿破命运之茧、由蛹化蝶的生命之剑。

一个小孩，相貌丑陋，说话口吃，而且因为疾病导致左脸局部麻痹，嘴角畸形，讲话时嘴巴总是歪向一边，还有一只耳朵失聪。

为了矫正自己的口吃，这孩子模仿古代一位有名的演说家，嘴里含着小石子讲话。看着嘴巴和舌头被石子磨烂的儿子，母亲心疼地抱着他流着眼泪说："不要练了，妈妈一辈子陪着你。"懂事的他替妈妈擦着眼泪说："妈妈，书上说，每一只漂亮的蝴蝶，都是自己冲破束缚它的茧之后才变成的。我要做一只美丽的蝴蝶。"

后来，他能流利地讲话了。因为他的勤奋和善良，他中学毕业时，不仅取得了优异成绩，还获得了良好的人缘。

1993年10月，他参加全国总理大选。他的对手居心叵测地利用电视广告夸张他的脸部缺陷，然后写上这样的广告词："你要这样的人来当你的总理吗？"但是，这种极不道德的、带有人格侮辱的攻击招致大部分选民的愤怒和谴责。他的成长经历被人们知道后，赢得了选民极大的同情和尊敬。他说的"我要带领国家和人民成为一只美丽的蝴蝶"的竞选口号，使他以高票当选为总理，并在1997年再次获胜，连任总理，人们亲切地称他是"蝴蝶总理"。他就是加拿大第一位连任两届的总理让克雷蒂安。

是的，有些东西我们无法改变，比如低微的门第，丑陋的相貌，痛苦的遭遇。这些都是我们生命中的"茧"。但有些东西则人人都可以选

择，比如自尊、自信、毅力、勇气，它们是帮助我们穿破命运之茧、由蛹化蝶的生命之剑。

（佚名）

# 进入天堂的条件

在现实生活中，能够取得成功的人，往往都是坚守承诺的人。

一个自认为完美的人死去了。是的，在外人眼里，他是完美的，他拥有健康、美貌、机敏、才学、金钱、荣誉……这些对别人来说都是梦寐以求的东西，他都有。

然而，上帝却安排他进地狱。他不服，要求入天堂，于是他的灵魂找到了上帝理论。上帝笑一笑，问："你有什么条件可以进入这极乐的天堂？"灵魂于是把阳间他所有的东西统统抖出来，带着炫耀的口气，反问："我拥有这么多东西，我这么完美，难道不足以使我去天堂吗？"

"难道你不知道你缺少进入天堂的最重要的一种东西吗？"上帝并不恼怒。灵魂笑着说："你也看到了，我什么都有，我完全具备了进入天堂的条件。你让我下地狱，是不公平的。"

"你忘记了你曾经抛弃了一种最重要的东西？"上帝面对这个恬不知耻的灵魂，有了一点不耐烦，便直截了当地提醒他："在人生渡口上，你抛弃了一个人生的背囊，是不是？"

灵魂想起来了：年轻时，有一次乘船，不知过了多久，风起云涌，小船险象环生。

老艄公让他抛弃一样东西。他左思右想，美貌、金钱、荣誉……他

舍不得。最后，他抛弃了"承诺"。

但是灵魂不服："难道能够仅仅因为我没有'承诺'，就被光明的天堂拒绝而进入可怕的地狱吗？"上帝变得很严肃："那么，之后你做了些什么？"

灵魂回想着：那次他回家后，答应母亲要好好照顾她，答应妻子永远不背叛她，答应朋友要一起做一番事业。后来，后来……他回想着，自己在外面有了情人，母亲劝阻他，他对母亲却再也不闻不问。他不允许母亲破坏他的"幸福"，他和朋友做生意，最后却私吞了朋友那一份……

上帝打断他，说："看到没有？由于不守承诺，你做了多少背信弃义的勾当。天堂是圣洁的，怎么能容你这卑污的灵魂？"

灵魂沉默了，他不是无所不有，而是一无所有，亲情、友情、爱情……统统随承诺而去。他，一个卑污的灵魂，只能下地狱！

"下地狱去吧！"上帝说完，飘然而去。

（佚名）

# 做赔本买卖的人

真诚，是一种美德，也是人人与天俱有的本性，幼童是最真诚的，也是最可爱的；随着年龄的成长，人们逐渐丧失保持真诚的勇气，而能坚守真诚的人，将是最有智慧的人。

有这样一名商人，由于资金有限，只能从事贩卖绳索的小生意，经营规模非常小。如果老老实实经营，很难打开市场。但他是一个非常聪明的人，想出了一个办法来改善经营状况。

他先从一家生产麻绳的厂家进麻绳，每根麻绳的进价是五毛，照理说加上运输费、保管费、搬运费，每根麻绳卖出去的价格肯定要高于五毛钱。可是他却以每根麻绳五毛钱的价格卖给了其他的工厂和零售商，自己不但一分钱没赚，还赔上了一大笔钱。

后来，人们都知道有一个"做赔本买卖"的老实人，于是订货单像雪片一样飞到他的手中，他的名字也像长了翅膀一样飞到人们的耳朵里。

一年后，他已经打开市场，渠道相当稳固了。于是他找到生产麻绳的厂家，说："过去的一年里，我从你们厂购买了大量的麻绳，而且销路一直不错。可是我都是按进价卖出去的，赔了不少钱，如果我继续这样做的话，没几天我就要破产了。"

厂商看到他给客户开的收据发票，大吃一惊，头一次遇到这种甘愿不赚钱的生意人。他说的话没有一句假的，厂商感动不已，而且他买的麻绳很多，如果他突然不买了，工厂的麻绳就会滞销，于是一口答应以后每条绳索以4角5分的价格供应。

他又来到他的客户那里，很诚实地说："我以前为了扩大自己的影响，原价出售麻绳，到现在为止，我是1分钱也没赚你们的。但如若长此下去，

我只有破产这一条路了。"

他的诚实感动了客户，加上信誉一直很好，客户心甘情愿地把货价提高到了 5 角 5 分钱。

这样两头一交涉，一条绳索就赚了 1 角钱。他当时一年有 1000 份订货单，利润就相当可观，几年后他从一个穷光蛋摇身一变成为有名的绳索大王。

（佚名）

# 诚实的奖赏

生活中的诚实为你赢得友谊；事业中的诚实为你迎来信任。

从前，在森林深处住着一位贫穷的樵夫。为了维持一家人的生计，他工作非常辛劳。每天他都得肩上扛着一把坚硬、锋利的斧头去森林中砍木头，他总是边走边高兴地吹口哨，因为他想只要自己身体健康，斧子不出问题，他就能挣到足够的钱来养家糊口。

一天，他正在河边砍一棵很大的橡树。斧头落处，木屑飞扬，清脆悦耳的伐木声在森林中回荡开来，别人都以为有好几个樵夫在工作。

干了一段时间之后，樵夫想自己应该休息一会儿了。他想把斧子放在树边，然后休息一下，但突然被一条干裂的老树根绊了一跤。一失手，他的斧子就顺着河岸滑落到了水中。

可怜的樵夫瞪大双眼，想看清河底的情况，但河水太深了。

樵夫喊道："我可怎么办啊？我失去了我的斧子！以后我怎么养活孩子们？"

他的话音刚落，湖面上出现了一位漂亮女子。她是这条河的女神，听到他悲伤的话语后浮上了水面。

"你有什么伤心事?"她热情地问道。樵夫把自己的经历讲述了一遍,听完后,女神立即潜入水下,一会儿之后,手里拿着一把银斧露出水面。

"这是你的斧子吗?"她问道。

樵夫想,用这把银斧能给孩子们买许多好东西,但那不是他的斧子。于是他摇摇头,回答说:"我的斧子是钢制的。"

女神把银斧放到岸上,然后再次潜入水中。一会儿之后,她浮上水面,手里拿着另一把斧子给樵夫看:"也许这是你的吧?"她问道。

樵夫看了一眼回答道:"噢,不是!这把斧子是用金子做的!比我的要贵许多倍!"

女神把金斧放到岸上,又一次潜入水中。这次浮出水面后,她拿出的才是樵夫的斧子。樵夫喊道:"那才是我的斧子呢!"

女神说道:"这是你的,另外两把现在也属于你了。它们是河水送给你的礼物,因为你刚才说的是实话。"

那天傍晚,樵夫扛着三把斧子回了家。当他想到自己可以为家人买许多好东西时,禁不住又吹起了口哨。

(佚名)

# 我不是乞丐

> 自尊自爱是一种对自我的关注与肯定,是一个人的快乐之源,更是成功之始。

虽然烈日当头,埃默纽·旦南依然昂着头,大步地向前走着。他没带阳伞,对灼人的烈日好像也根本不在意。拉哈布一直恪守自己的处世原则,他

天生一副傲骨，不屈从任何人和事，也从不指望得到旁人任何恩惠，追求的只是一辈子活得有尊严、有骨气。

拉哈布正走着，一个黄包车夫来到他身边。车夫摇着铃铛，问道："先生，您要车吗？"

拉哈布转过头去，发现那个人瘦得皮包骨头，目光里似乎包含着贪婪的神情。"只有那些没人性的家伙才会以人力车代步。"这是拉哈布坚定不移的观点。因此，他连轿子都没坐过一回，认为那简直就是犯罪。他用那粗布缝制的甘地服的袖子擦了擦额头上的汗珠，连声说道："不，不，我不要。"一面继续走自己的路。

黄包车夫拉着车子跟在他后面，一路不停地摇铃。突然间，拉哈布的脑子里闪出一个念头：也许拉车是这个穷人唯一的生存手段。

拉哈布是个有学问的人，许多概念——资本主义、平等、穷苦人、上帝、劳动分配、农村的赤贫、工业、封建主义等等，片刻之间都进了他脑海。他又一次回头看了看那黄包车夫——天哪，他是那样面黄肌瘦！拉哈布心里顿时对他生出了怜悯之情。

黄包车夫摇着铃铛，又招呼拉哈布道："来吧，先生！我送您，您要去哪里？"

"去希布塔拉。你要多少钱？"

"6便士。"

"好吧，你跟我来！"埃默纽·旦南继续步行。

"请上车，先生。""跟我走吧！"拉哈布加快了脚步。拉黄包车的人跟在他后面小跑。

时不时地，拉哈布回头对车夫说："跟着我！"

到了希布塔拉，埃默纽·旦南从衣兜里掏出6便士递给黄包车夫，说："拿去吧！"

车夫很惊讶："可您根本没坐车呀。"

"我从不包车。我认为这是一种犯罪。"

"啊？可您一开始应该就告诉我！"车夫的脸上露出一种鄙夷的神情。他擦了擦脸上的汗，拉着车子走开了。

"把这钱拿去吧，它是你应得的!"

"可我不是乞丐!"黄包车夫拉着车，消失在街的拐角处。

（佚名）

# 相信你自己

相信了你自己，你其实就相信了别人，相信了别人，你才会有心情去信从你自己之外的其他事物，你就会发现，你的生命当中，原来还有许许多多值得相信的东西。

克莱伦斯·桑德住在美国田纳西州曼菲斯城，在一家百货商店工作。有一次，他到当时新兴的快餐店去吃饭。此时正是午餐时间，看到这里生意兴隆，人们排着长长的队伍等待着自选菜饭。

"自选菜饭!"桑德眼前一亮，他灵感闪现：能不能在百货商店里也采取这种形式，让顾客随意挑选商品，自己包装呢?

桑德兴奋地把自己的想法说给老板听，没想到却遭到了老板地大声呵斥："你这个好吃懒做的家伙，真是异想天开! 收回你这个愚蠢的主意吧，怎么能自己不干活，让顾客自己选择，自己包装呢?"

可是桑德相信自己的想法，他不肯放弃，因为这样可给顾客一种更轻松、更自在的购货心理。

于是桑德辞去公司的工作，自己开了一家商店，并且引进了这种全新的经营理念。很快，他的小店就吸引了许多的顾客，门庭若市，生意逐渐兴隆了起来。后来，他又接二连三地开了多家分店，也取得了巨大的成功。这就是当今风靡全球的超市的先驱。桑德还算好的，因为他只是一个想法被打击。还有人可能自小就受到了近乎残忍的判定。贝多芬学拉小提琴时，技术

并不高明，他宁可拉他自己作的曲子，也不肯做技巧上的改善，他的老师说他绝不是个当作曲家的料。

歌剧演员卡罗素美妙的歌声享誉全球。但当初他的父母希望他能当工程师，而他的老师则说他那副嗓子是不能唱歌的。

发表《进化论》的达尔文当年决定放弃行医时，遭到父亲地斥责："你放着正经事不干，整天只管打猎、捉狗、捉耗子的。"另外，达尔文在自传上透露："小时候，所有的老师和长辈都认为我资质平庸，我与聪明是沾不上边的。"

沃特·迪斯尼当年被报社主编以缺乏创意的理由开除，建立迪斯尼乐园前也曾破产好几次。

爱因斯坦4岁才会说话，7岁才会认字。老师给他的评语是："反应迟钝、不合群，满脑袋不切实际的幻想。"他曾遭到退学的命运。

法国化学家巴斯德在读大学时表现并不突出，他的化学成绩在22人中排第15名。牛顿在小学的成绩一团糟，曾被老师和同学称为"呆子"。

罗丹的父亲曾怨叹自己有个白痴儿子，在众人眼中，他曾是个前途无"亮"的学生，艺术学院考了3次还考不进去。他的叔叔曾绝望地说：孺子不可教也。

《战争与和平》的作者托尔斯泰读大学时因成绩太差而被劝退学。老师认为他："既没读书的头脑，又缺乏学习的兴趣。"

（佚名）

# 比金子还贵重的报酬

　　　信心是力量的凝聚，是团结的基础，是成功的前提。希望似阳光，它能驱散迷雾，照亮前进的道路。

　　在非洲一片茂密的热带丛林里走着一队男子，他们扛着一只沉重的箱子，在森林里跟跟跄跄地走着。四个人已经瘦得皮包骨头。

　　这四个人是：巴里、麦克里斯、约翰斯、吉姆，他们是跟随队长马克格夫进入丛林探险的。马克格夫曾答应给他们优厚的工资。但是，在任务即将完成的时候，马克格夫不幸得病而长眠在丛林中。

　　这个箱子是马克格夫临死前亲手制作的。他十分诚恳地对四人说道："我要你们向我保证，一步也不离开这只箱子。如果你们把箱子送到我朋友麦克唐纳教授手里，你们将分得比金子还要贵重的东西。我想你们会送到的，我也向你们保证，比金子还要贵重的东西，你们一定能得到。"

　　埋葬了马克格夫以后，这四个人就上路了。但密林的路越来越难走，箱子似乎也越来越沉重，而他们的力气却越来越小了。他们像囚犯一样在泥潭中挣扎着。一切都像一场噩梦，而只有这只箱子是实在的，是这只箱子在撑着他们的身躯！要不然他们早就全倒下。他们互相监视着，不准任何人单独乱动这只箱子。在最艰难的时候，他们想到了未来的报酬是多少，当然，还有比金子还重要的东西。

　　终于有一天，绿色的屏障突然拉开，他们经过千辛万苦终于走出了丛林。四个人急忙找到麦克唐纳教授，迫不及待地问起应得的报酬。教授似乎没听懂，只是无可奈何地把手一摊，说道："我一无所有啊，不能给你们任何东西。打开箱子，或许箱子里有什么宝贝吧。"于是当着四个人的面，教授打开了箱子，大家一看，都傻了眼，满满一堆无用的木头！

"这开的是什么玩笑？"约翰斯说。

"屁钱都不值，我早就看出那家伙有神经病！"吉姆吼道。

"比金子还贵重的报酬在哪里？我们上当了！"麦克里斯愤怒地嚷着。

此刻，只有巴里一声不吭，他想起了他们刚走出的密林里，到处是一堆堆探险者的白骨，他想起了如果没有这只箱子，他们四人或许早就倒下去了……

巴里站起来，对伙伴们大声说道："你们不要再抱怨了。我们得到了比金子还贵重的东西，那就是生命！"

马克格夫是个智者，而且是个很有责任心的人。从表面上看，他所给予的只是一堆谎言和一箱木头；其实，他给了他们行动的希望与信心。

（佚名）

# 可怕的绝望

在走向人生这个征途中，最重要的既不是财产，也不是地位。而是在自己胸中像火焰一般熊熊燃起的一念，即"希望"。

美国缅因州的阿拉加什河畔曾有一座欣欣向荣的小镇。小镇的街道一尘不染，建筑物精致华丽，就连普通人家的庭院里也拾掇得干干净净。小镇的居民积极乐观，过着舒适安逸的生活。

天有不测风云。这一年春天，一个可怕的消息在小镇流传：州政府决定在阿拉加什河上建一座水利发电厂，工程师把建坝的地点定在小镇上游河段。也就是说一旦大坝建成，美丽的小镇就会被河水淹没，永远从地图上消失。虽然州长还没做出最终决定，即使决定了，搬迁计划也要两年后才开始实行，但小镇的居民已经惶恐不安了。一个在小镇长大的年轻人不忍心看着自己美丽的家乡被大水淹没，决定去找州长，说服他把大坝改建在小镇下游。

年轻人拍了很多小镇优美的照片，带着这些照片和必要的行李，他登上了开往班戈（缅因州首府）的火车。州长公务繁忙，没有预约想见到他并不是件容易的事。一周两周过去了，一个月过去了，心急如焚的年轻人终于见到了州长。年轻人讲明来意，描述了小镇繁华美丽的景象，恳请州长重新考虑建坝的位置。

听完年轻人的话，州长说："我很理解你对家乡的感情，但据刚从镇上回来的调查员说，这个镇子并不像你说得那样繁华。他的报告上说：该镇经济萧条，街道肮脏不堪，建筑物年久失修。

"这不可能，我一个月前刚从镇上来。您看，这是我出发前拍的照片。"年轻人急忙拿出照片。

州长仔细看着他手里的照片，摇摇头说："这的确是我们说的那个小镇，但你看看这些照片。"州长从文件夹里取出一叠照片递给年轻人，"这是调查员昨天刚从镇上拍回来的照片。"

年轻人目瞪口呆地看着照片，照片上曾经美丽的小镇已经面目全非。建筑物上伤痕累累，街道上堆满垃圾，疏于打理的庭院中杂草丛生。市中心冷冷清清，到处是出租、转让的招牌。照片上的小镇居民也满面愁容，无精打采。

"发生了什么事？是……瘟疫？"年轻人惊讶地问。

"不，孩子。我想这是比瘟疫更可怕的原因——绝望，它的破坏力比洪水、瘟疫都厉害得多。"州长沉痛地说，"小镇变成这样是因为人们看不到未来，失去了希望。当人们被绝望征服的时候，生活就彻底变样了。

（佚名）

# 坚持到底

优秀的人总是坦然地面对一时的失利，然后一直坚持到胜利来临。

克尔是一个广告业务员。他对自己很有信心。他从经理手里要了一份客户名单，都是有实力的企业，以前去的广告业务员都无功而返。

克尔拜访客户前，先把自己关在屋里，站在一个大镜子前面，把客户的名称和负责人的名字默念十遍，接着信心十足地说："一个月之内，我们将有一笔大交易"

坚定的信心成为成功的催化剂。第一天就有三个"不可能的"的客户签了合同。一个月后，名单上只有一个客户名字后面没有打上勾.

第二个月，每天早晨，只要那个客户的商店一开门，他就进去请他做广告，但每次商人都面无表情地说："不！"克尔不放在心里，继续拜访，像拜访新客户一样。

又一个月过去了，连续说了六十天"不"的商人突然有了兴趣与他交谈几句："你已经在我这里浪费了两个月的时间，我什么也没有给你，是什么让你坚持这样做？"

克尔说："我当然不会到这里浪费时间，我是来学习的，你就是我的老师，我从你这里学习如何在逆境中坚持。"商人对克里的话深表赞同，最终决定买一个广告版面。

名单上最后一个"钉子户"被拔除了.当他把划满勾的名单交回给经理时，经理惊讶不已，以克里为经理的广告二部成立了，三十多个员工成了克里的下属。

（佚名）

# 对 话

要想超越自己，取得人生的成功，必须突破消极的心态。

我的大女儿今年是高中一年级的学生。每个星期天回到家里时，她就会和我分享她在学校的事。有一次，她谈到她有一个同学很自卑，总是说一些消极负面的话，学习成绩也不是很理想。她很想去帮助这个同学，但她又觉得有些困难，因为这位同学的家境有些复杂，不知是不是家庭的问题造成了她的性格问题。

我当时和我女儿说：你的出发点非常好，爸爸非常认同你的想法。但你想调整或改变一个人是很难的。人确实是可以调整和改变的，但你要有一定的功力。不然的话，你改变不了别人，反而会受别人的影响，这样就更麻烦了。所以你要帮助调整一个人的时候，就要做一些思想准备。什么样的思想准备呢？就是不管对方说了什么，你首先要认同她，因为每个人站在自己的角度思考问题都是对的，不管她是正面还是负面。

女儿说：对呀！我有时候跟她说一些积极正面的话，她都听不进去，我都被她气坏了。

我对女儿说：你可以先认同她的观点，然后再提出你的观点，避免说对方"你错了"，"你不对"或"你的观点我不认同"。因为从心理学的角度来说，任何一个人都希望得到别人的认同，不喜欢自己的观点被别人否定。就算表面有可能被迫接受，但潜意识还是在抗拒的。

女儿问：那你认为我应该怎样做呢？

我说：你有这份好心是好事，但以你现在的能力，是很难帮助她的。如果你真的想帮她，那你和她约个时间，我帮你和她沟通一下好吗？

过了两个星期，我女儿回来对我说，她的同学不愿意接受沟通，她很怕

和陌生人说话。所以她说暂时不接受沟通，以后她愿意沟通时再说吧。

又过了两个星期，我女儿回来跟我说，她的同学愿意接受沟通了。

我就和女儿一起见到了她的同学。那个女孩个子比较高，眼睛也大，表面上看起来不像一个很内向自卑的人。

我问那女孩：我女儿和我谈了一下你家庭的事，是真的吗？

女孩毫无表情地说：基本上差不多。

在这之前，我女儿和我说过她现在的母亲不是她亲生母亲，她亲生母亲在她没多大的时候就离开了她，她也不知道去了哪里。后来，她父亲再婚，又生了一个女儿，就是她现在的妹妹。

我又问她：那你还记得你的亲生母亲吗？

她回答：我在很小的时候见过她，但她后来不知因为什么事走了，我再也没有见过她，所以记得不清楚。

我接着问：那你现在对你亲生母亲的看法是怎样的呢？

女孩说：我现在都没有什么看法了，刚开始的时候我还是怪她的，但现在好像没有这样想了。

我说：这样非常好，你没有怪她，首先你会过得开心一点，因为你没有背着她的包袱。同时她也会过得开心，因为她如果知道你没有怪她，这就证明你已经长大了，懂事了。那你想见她吗？

她想了想说：想，但不知道怎样才能见到她。

我说：很好，既然你没有怪她，而且也想见她，这就证明你是一个很有人情味的人了。虽然你现在不知道怎样才能见到她，但这个不重要，重要的是你有这份心就可以了。为什么这样说呢？因为有很多人在失散几十年之后都能见面，有关这样的信息你听过吗？

她点点头：我听过。

我说：那好，既然你听过这样的信息，那也就是说，你也可能有这样的见面机会，不是吗？

她怀疑地回答：不知道有没有这样的机会。

我说：至少有这样的可能嘛！你说是不是呢？

她回答：可能是有的。

我鼓励她：很好，既然有可能我们就不要失望对不对？

　　她说：有道理。

　　我又问："除了你对亲生母亲的看法之外，你又是怎么看你现在的母亲呢？

　　她说：她好像不是很关心我似的。

　　我说：其实这个也是很正常的，因为人或动物都有一个共同的特点：母亲都是很爱自己的子女的。但人也有一点不同，好多时候我们会觉得自己的父母不关心我们，但那不一定是事实。往往是我们的思想出现偏差，制造了这种概念。

　　其实，很多人只看到表面的东西，深层次的东西他们没有看到，又或者他们根本就不懂得看。所以造成我们现在的误解，这也是正常的。

　　人的心态就好比一块磁铁，能吸引那些与它本身相似的东西。如果你老是想着不幸的事情，那么，这种心态就会给你带来这些灾难；如果你老是想着自己一生的种种困难，那么，这种心态就会使你一生不会拥有成功、财富和幸福。

　　你看看社会中那些成功的人，他们的第一主张就是要平衡心态，让积极心态成为成功的动力。因为消极的心态会让你与成功无缘，无论你付出多少心血，它也会使你的努力付诸东流。

　　"种瓜得瓜，种豆得豆。"当我们向思想输入什么信息，大脑就会回馈给我们什么信息。你种下什么"种子"给你的思想，它就会产生什么样的结果给你。今天的结果都是自己当初种下的"种子"造成的。不管是好的还是不好的。昨天的因，造就今天的果；今天的因，就是明天的果。有很多人把结果推给了别人和环境，这是不负责任的做法。别人和环境都是一种外因，真正创造一切的是自己思想的内因。为什么同样的环境、同样的时段，不同的人会创造出不同的结果呢？现在你明白了一点没有？

　　她回答：我现在基本明白了。那我以后就不要消极，不要负面的思想。我不想总是那么差，不想让别人瞧不起。

　　我对她说：很好，你有这样的信心是好事，但你刚才的观点有点问题。人的大脑是听不进一个"不"字的，不相信你可以试试看。我现在说什么你

就跟着我说的去做，好吗？

她点点头：好的。

我对她说：你不要想老虎，不管是黄老虎，还是白老虎你都不要想。不要想大象，不要想大象的腿，也不要想大象大大的耳朵，更加不要想大象长长的鼻子。不要想熊猫，不管它多可爱，也不管它是不是国宝，你都不要想。

我问她：那你刚才想到了什么呢？

她回答：你刚刚说的，我都想到了。

我反问道：为什么呢？我刚才不是重复了好多次叫你不要想吗？你为什么还要想呢？你怎么那么不听话呢？刚才不是说好你听我的话照做的吗？你为什么不照做呢？

她回答：我也不知道，你在说的时候我就已经想到了。

我说：对了，这是非常正常的。我们有很多人不明白，为什么我们不想要的东西，天天不想它来，它偏偏就来了。就好像有些父母叫小孩不要打烂东西，而小孩偏偏就会打烂东西，为什么呢？因为他听到后面的两个字——"打烂"你现在明白了吗？

她回答：明白了。我要好成绩，我要别人关心我，我要很开心，我要身体健康，我要很好的人际关系，我要别人欣赏我，我要美好的一切。

我再告诉她：有些人似乎能充分使用积极的心态；有些人开始时使用，然后就停止了。他们并没有真正地拒绝消极心态。大多数人总是盼望成功会以某种神秘莫测的方式不期而至，想一想，我们具有这样的条件吗？那只能在童话里看到，在现实中是不可能发生的。即使我们具有这样的条件，你若对它视而不见，也许会使很明显的东西被忽视掉。每一个人的积极心态就是他的优点，这没有什么神秘莫测的。你现在相信你自己很聪明吗？

她回答：相信。

我说：很好，只要你自己能相信自己，别人就会改变对你的看法！有什么事可以找我聊聊天，虽然不一定能帮到你，但至少我能帮你理清一点思路。

她说：谢谢叔叔，放心吧！我会记住你今天和我说过的这番话的，拜拜！

之后，她就和我女儿回了学校。

（佚名）

# 每个人都是最优秀的

　　每个追求梦想，渴望成功的人，都应该时刻记住：最优秀的人就是你自己！

　　古希腊的大哲学家苏格拉底在风烛残年之际，知道自己时日不多了，就想考验和点化一下他那位平时看来很不错的助手。他把助手叫到床前，说："我的蜡所剩不多了，得找另一根蜡接着点下去，你明白我的意思吗？"

　　"明白，"那位助手赶忙说："您的思想光辉是得很好地传承下去……"

　　"可是，"苏格拉底慢悠悠地说："我需要一位最优秀的传承者，他不但要有相当的智慧，还必须有充分的信心和非凡的勇气……你帮我寻找一位好吗？"

　　"我一定竭尽全力。"

　　苏格拉底笑了笑。

　　那位忠诚而勤奋的助手，不辞辛劳地通过各种渠道开始四处寻找了。可他领来一位又一位，都被苏格拉底一一婉言谢绝。一次，当那位助手再次无功而返时，病入膏肓的苏格拉底硬撑着坐起来："真是辛苦你了，不过，你找来的那些人，其实都不如……"

　　"我一定加倍努力，"助手恳切地说，"找遍五湖四海，也要把最优秀的人选挖掘出来。"

　　苏格拉底笑笑，不再说话。

　　半年之后，苏格拉底眼看就要告别人世，最优秀的人选还是没有眉目。助手非常惭愧："我真对不起您，令您失望了！"

　　"失望的是我，对不起的却是你自己，"苏格拉底很失意地闭上眼睛，停顿了许久，才又不无哀怨地说："本来，最优秀的就是你自己，只是你不敢相信自己，才把自己给忽略、给丢失了……其实，每个人都是最优秀的，差别就在于如何认识自己、如何发掘和重用自己……"一代哲人就这样永远地离开了他曾经深切关注着的世界。

那位助手非常后悔，甚至自责了整个后半生。

为了不重蹈那位助手的覆辙，每个向往成功、不甘沉沦者，都应该牢记先哲的这句至理名言："最优秀的就是你自己！"

（佚名）

# 真的相信自己

自信并不张扬，只是你内心的一种心理品质，只有真正地相信自己，你才能取得成功。

一次，一位顶尖的杂技高手，参加了一次极具挑战的演出，这次演出的主题是在两座山之间的悬崖上架一条钢丝，而他的表演节目是从钢丝的一边走到另一边。

杂技高手走到悬空的钢丝的一头，然后注视着前方的目标，并伸开双臂，慢慢地挪动着步子，终于顺利地走了过去。这时，整座山响起了热烈的掌声和欢呼声。

"我要再表演一次，这次我要绑住我的双手走到另一边，你们相信我可以做到吗？"

杂技高手对所有的人说。我们知道走钢丝靠的是双手的平衡，而他竟然要把双手绑上。但是，因为大家都想知道结果，所以都说："我们相信你的，你是最棒的！"杂技高手真的用绳子绑住了双手，然后用同样的方式一步、两步……终于又走了过去。

"太棒了，太不可思议了！"

所有的人都报以热烈的掌声。但没想到的是，杂技高手又对所有的人说："我再表演一次，这次我同样绑住双手然后把眼睛蒙上，你们相信我可以走过去吗？"

所有的人都说；"我们相信你！你是最棒的！你一定可以做到的！"

杂技高手从身上拿出一块黑布蒙住了眼睛，用脚慢慢地摸索到钢丝，然后一步一步地往前走，所有的人都屏住呼吸为他捏一把汗。终于，他走过去了！表演好像还没有结束。

只见杂技高手从人群中找到一个孩子，然后对所有的人说："这是我的儿子，我要把他放到我的肩膀上，我同样还是绑住双手蒙住眼睛走到钢丝的另一边，你们相信我吗？"

所有的人都说："我们相信你！你是最棒的！你一定可以走过去的！"

"真的相信我吗？"杂技高手问道。

"相信你！真的相信你！"所有人都这样说。

"我再问一次，你们真的相信我吗？"

"相信！绝对相信你！你是最棒的！"所有的人都大声回答。

"那好，既然你们都相信我，那我把我的儿子放下来，换上你们的孩子，有愿意的吗？"杂技高手问。

这时，整座山上鸦雀无声，再也没有人敢说相信了。

（佚名）

# 小男孩里维

我们可以透过这扇窗，看到细雨的飘零，感受和风与阳光的朝气，可以临听风雨深情的呼唤和缠绵。

有一个 10 岁的美国小男孩里维，在一次车祸中失去左臂，但是，他很想学柔道。最终，里维拜一位日本柔道大师做师傅，开始学习柔道。

三个月里，师傅只教了一招，里维心里十分疑惑。

师傅第一次带里维参加比赛。里维没有想到，里维在师傅的指导下，居然轻轻松松地赢了前两轮。第三轮稍稍有点艰难，但对手很快就变得有些急躁，连连进攻，里维敏捷地施展出自己的那仅有一招，又赢了。

就这样，里维稀里糊涂地进入决赛。

决赛的对手比里维高大强壮许多，似乎更有经验。有一段时间，里维显得有点招架不住，裁判担心里维会受伤叫了暂停，打算就此终止比赛。然而师傅不答应，坚持说："继续下去。"

比赛重新开始，对手放松了戒备，里维立刻使出自己的那一招，一举制服了对方，赢了比赛，夺得冠军。

回家的路上，里维和师傅一起回顾每场比赛的细节。里维鼓起勇气道出心里的疑问："师傅，我怎么凭一招就能赢得冠军？"

师傅答道："有两个原因：第一，你几乎完全掌握了柔道中最难的一招；第二，就我所知，对付这一招的唯一办法，是对手抓住你的左臂。"

（佚名）

# 冲茶之水

要想处处得力、事事顺心自然很难。要想摆脱失意，最有效的
方法就是苦练内功，提高自己的能力。"

一个年轻人最近很不顺，屡屡失意。他千里迢迢来到普济寺，找到著名
的老僧释圆，沮丧地对他说："人生总不如意，活着也是苟且，有什么意义
呢？"

释圆静静听着年轻人的叹息和絮叨，末了才吩咐小和尚说："施主远道
而来，烧一壶温水送过来。"

不一会儿，小和尚送来了一壶温水，释圆抓了茶叶放进杯子，然后用温
水沏了，放在茶几上，微笑着请年轻人喝茶。杯子冒出微微的水汽，茶叶静
静浮着。年轻人不解地询问："宝刹怎么用温水沏茶？"

释圆笑而不语。年轻人喝一口细品，不由摇摇头："一点茶的味道都没
有。这简直就是在浪费茶叶。"

释圆说："这可是闽地名茶铁观音啊。"

年轻人又端起杯子品尝，然后肯定地说："真的没有一丝茶香。"

释圆又吩咐小和尚："再去烧一壶沸水送过来。"

又过了一会儿，小和尚便提着一壶冒着浓浓白汽的沸水进来。释圆起
身，又取过一个杯子，放茶叶，倒沸水，再放在茶几上。年轻人俯首看去，
茶叶在杯子里上下沉浮，丝丝清香不绝如缕，望而生津。

年轻人欲去端杯，释圆作势挡开，又提起水壶注入一线沸水。茶叶翻腾
得更厉害了，一缕更醇厚更醉人的茶香袅袅升腾，在禅房弥漫开来。释圆这
样注了五次水，杯子终于满了，那绿绿的一杯茶水，端在手上清香扑鼻，入
口沁人心脾。

释圆笑着问："施主可知道，同是铁观音，为什么茶味迥异？"

年轻人思忖着说："一杯用温水，一杯用沸水，冲沏的水不同。"

释圆点头："用水不同，则茶叶的沉浮就不一样。温水沏茶，茶叶轻浮水上，怎会散发清香？沸水沏茶，反复几次，茶叶沉沉浮浮，释放出四季的风韵：既有春的幽静和夏的炽热，又有秋的丰盈和冬的清冽。世间芸芸众生，也和沏茶是同一个道理。沏茶的水温度不够，想要沏出散发诱人香味的茶水不可能。你自己的能力不足，要想处处得力、事事顺心自然很难。要想摆脱失意，最有效的方法就是苦练内功，提高自己的能力。"

年轻人茅塞顿开，回去后刻苦学习，虚心向人求教，最终取得了成功。

（佚名）

# 放大自己的优点

　　每个平淡的生命中，却蕴涵着一座丰富的金矿，只要肯挖掘，就会挖出令自己都惊讶不已的宝藏……

19 世纪，有一个穷困潦倒的法国青年，刚从乡下来到首都巴黎。

他来巴黎之前，父亲告诉他，如果万不得已，可以去找自己昔日的一位朋友，依靠朋友现在的声望和地位，应该能够帮他找一份工作，以便使他在这个繁华的大都市中站住脚。

于是，他在碰壁了几次之后，就去拜访了父亲的朋友。寒暄之后，父亲的朋友就问他："年轻人，你有什么特长呢？数学怎么样？"

青年羞涩地摇摇头。

"历史、地理怎么样？"

青年还是不好意思地摇摇头。

"那么法律或别的学科呢?"

青年再一次窘迫地垂下了头。

"会计怎么样……"

面对父亲的朋友的接连发问,青年能够作出的回答都只是不停地摇头,他很难为情地告诉对方——自己一无所长,连一点儿优点也找不出来。

为此青年十分窘迫,甚至开始后悔今天的拜访了。父亲的朋友却似乎显得很有耐心,一点也没有嘲笑他的意思。他对青年说:"那你先把你的住址写下来吧,你是我老朋友的孩子,我总得帮你找一份差事做呀。"

青年的脸涨得通红,羞愧地写下了自己的住址,就急忙想离开,可是他却被父亲的朋友一把拦住了。

他说:"年轻人,你的字写得很漂亮嘛,这就是你的优点啊,你怎么没有提到呢?你不该只满足于找一份糊口的工作。"

字写得好也算一个优点?青年满心怀疑地看着父亲的朋友,但他很快在老人的眼里看到了肯定的答案。

告辞之后,青年走在路上就想:既然他说我的字写得很漂亮,可见我的字真是很漂亮;我的字漂亮,写文章也是我曾经努力的方向,中学时我的作文还被老师赞赏过,那么我肯定也能把文章写得漂亮……受到初步肯定和鼓励的青年,开始把自己的优点一一罗列出来,并放大开来。他一边走一边想,兴奋得脚步都轻松起来。

从此,这个青年开始发奋向上,刻苦学习。数年后,他就写出了一部享誉世界的经典作品。知道吗?他就是家喻户晓的法国著名作家大仲马。他的小说《三个火枪手》和《基督山伯爵》流传至今,已被誉为世界文学史上的经典之作。

(佚名)

# 梦想不妨大一点儿

人生真的是梦做出来的。越是卓越的人生越是梦想的产物。

一个梦想大的人，即使实际做起来没有达到最终目标，可他实际达到的目标都可能比梦想小的人最终目标还大。所以，梦想不妨大一点儿。

从前，有两兄弟，老大想到北极去，而老二只想走到北爱尔兰。有一天，他俩从牛津城出发，结果两人都没有到达目的地，但老大到达了北爱尔兰，而老二仅仅走到了英格兰北端。

一个具有崇高生活目的和思想目标的人，毫无疑问会比一个根本没有目标的人更有作为。有句苏格兰谚语说："扯住金制长袍的人，或许可以得到一只金袖子。"那些志存高远的人，所取得的成就必定远远离开起点。即使你的目标没有完全实现，你为之付出的努力本身也会让你受益终生。

几年以前的一个炎热的日子，一群人正在铁路的路基上工作，这时，一列缓缓开来的火车打断了他们的工作。火车停了下来，最后一节车厢的窗户——顺便说一句，这节车厢是特制的并且带有空调——被人打开了，一个低沉的、友好的声音响了起来："大卫，是你吗？"大卫·安德森——这群人的负责人回答说："是我，吉姆，见到你真高兴。"于是，大卫·安德森和吉姆·墨菲——铁路的总裁，进行了偷快的交谈。在长达1个多小时的愉快交谈之后，两人热情地握手道别。

大卫·安德森的下属立刻包围了他，他们对于他是墨菲铁路总裁的朋友这一点感到非常震惊。大卫解释说，20多年以前他和吉姆·墨菲是在同一天开始为这条铁路工作的。

其中一个人半认真半开玩笑地问大卫为什么他现在仍在骄阳下工作，而吉姆·墨菲却成了总裁。大卫非常惆怅地说："23 年前我为 1 小时 1.75 美元的薪水而工作，而吉姆·墨菲却是为这条铁路而工作。"

美国潜能成功学大师安东尼·罗宾说："如果你是个业务员，赚 1 万美元容易，还是 10 万美元容易？告诉你，是 10 万美元！为什么呢？如果你的目标是赚 1 万美元，那么你的打算不过是能糊口便成了。如果这就是你的目标与你工作的原因，请问你工作时会兴奋有劲吗？你会热情洋溢吗？"

（佚名）

# 相信自己是最棒的

只有自己真的相信自己，才能让别人相信你。只有自己感动了，才能感动别人。

有一位顶尖级的杂技高手，一次，他参加了一个极具挑战的演出，这次演出的主题是在两座山之间的悬崖上架一条钢丝，而他的表演节目是从钢丝的这头走到另一头。

演出就要开始了，整座山聚满了观众，当中有记者、有主办单位、赞助商和看热闹的人群。这时，只见杂技高手走到悬在山上钢丝的一头，然后用眼睛注视着前方的目标，并伸开双臂，第一步、二步、三步，慢慢地杂技高手终于顺利地走了过去，这时，整座山响起了热烈的掌声和欢呼声。

"我要再表演一次，这次我要绑住我的双手走到另一边，你们相信我可以做到吗？"杂技高手对所有的人说。我们知道走钢丝靠的是双手的平衡，而他竟然要把双手绑上。但是，因为大家都想知道结果，所以都说："我们相信你，你是最棒的！"杂技高手真的用绳子绑住了双手，然后用同样的方式一步、两步终于又走了过去，"太棒了，太不可思议了！"所有的人都报以热烈的掌声。但没想到的是，杂技高手又对所有的人说："我再表演一次，这次我同样绑住双手，再把眼睛蒙上，你们相信我可以走过去吗？"所有的人都说："我们相信你！你是最棒的！你一定可以做到的！"

杂技高手从身上拿出一块黑布蒙住了眼睛，用脚慢慢地摸索到钢丝，然后一步一步地往前走，所有的人都屏住呼吸为他捏一把汗。终于，他走过去了！掌声雷动！"你真棒！你是最棒的！你是世界第一！"所有的人都在呐喊着。

表演好像还没有结束，只见杂技高手从人群中找到一个孩子，然后对所有的人说："这是我的儿子，我要把他放到我的肩膀上，我同样还是绑住双手蒙住眼睛走到钢丝的另一边，你们相信我吗？"所有的人都说："我们相信你！你是最棒的！你一定可以走过去的！"

"真的相信我吗？"杂技高手问道。

"相信你！真的相信你！"所有的人都说。

"我再问一次，你们真的相信我吗？"

"相信！绝对相信你！你是最棒的！"所有的人都大声回答。

"那好，既然你们都相信我，那我把我的儿子放下来，换上你们的孩子，有愿意的吗？"杂技高手说。

这时，整座上鸦雀无声，再也没有人敢说相信了。

在我们现实工作中，许多人都会说：我相信我自己，我是最棒的！当我们在喊这些口号时，我们是否真的相信自己？我们会不会一出门后或遇到一点困难就忘掉刚才所喊那句话了呢？

只有自己真的相信自己，才能让别人相信你。

只有自己感动了，才能感动别人。

我们首先要相信自己，这样才会从中找到感觉，感觉好了，才会有行动的欲望，行动多了，才会有经验，经验丰富了，才会出业绩，有了业绩就会更加自信，从而找到更好的感觉，更积极地行动！

(佚名)

# 永远都坐前排

　　"永远坐前排"，不仅可以激发追求成功的愿望，更重要的是，它还可以培养一个人追求成功的信心和勇气。

　　20世纪30年代，在英国一个不出名的小城里，有一个叫玛格丽特的小姑娘。玛格丽特自小就受到严格的家庭教育，父亲经常向她灌输这样的观点：无论做什么事情都要力争一流，永远走在别人前面，而不落后于人，即使在坐公共汽车时，你也要永远坐在前排。父亲从来不允许她说"我不能"或者"太困难"之类的话。

　　对年幼的孩子来说，父亲的要求可能太高了，但他的教育在以后的年月里证明是非常宝贵的。正是因为从小就受到父亲的"残酷"教育，才培养了玛格丽特积极向上的决心和信心。无论是学习、生活或工作，她时时牢记父亲的教导，总是抱着一往无前的精神和必胜的信念，克服一切困难，做好每一件事情。

　　玛格丽特上大学时，考试科目中的拉丁文课程要求五年学完，可她凭着自己顽强的毅力，在一年内全部完成了。其实，玛格丽特不光是学业出类拔萃，在体育、音乐、演讲及其他活动方面也都是名列前茅。当年她所在学校的校长评价她说："玛格丽特无疑是我们建校以来最优秀的学生之一，她总是雄心勃勃，每件事情都做得很出色。"

　　正因为如此，40多年以后，英国乃至整个欧洲政坛上才出现了一颗耀眼的明星，她就是连续四次当选为英国保守党领袖，并于1979年成为英国第一位女首相，雄踞政坛长达11年之久，被世界媒体誉为"铁娘子"的玛格丽特·撒切尔夫人。

（佚名）

# 国王与画师

　　如果希望改变自己的命运，拥有真正的成功，那么你就应该为此而付出努力。

　　有一个国王，长得十分丑陋。他一只眼睛瞎了，一条腿是瘸的。

　　然而，就这样的一个国王，有一天，竟召集全国的画师来为他画像，并且发出话来：画得好的有赏，画得不好的要杀头。

　　这中间有一个画家想："国王的威严谁敢冒犯！尽管国王长相丑陋，我还是给他画张漂亮的吧。"于是，他画了一张画像呈献给国王。只见画像上的国王不瞎不瘸也不丑，仪态端庄，威严无比。谁知国王一看勃然大怒道："善于弄虚作假阿谀奉承的人，一定是个有野心的小人，留着何益，拉出去斩首！"

　　第一个画师就这样被杀了。

　　这时，第二个画师想："既然画虚假的画像国王恼怒，那么我就给他如实画来吧。"

　　第二个画师又画了一张画像呈献给国王。只见画像上的国王瞎着一只眼，瘸着一条腿，哪里有一点儿一国之主的威严。国王一看怒火中烧，大喝道："竟敢丑化国王，冒犯天威，此等狂妄之徒，留之何益，拉出去斩首！"

　　第二个画师也被杀了。

　　画家们见此情景，个个吓得魂不附体，哪个还敢冒险为国王画像？然而不画也不行，违抗圣命，照样会被杀头的呀。正在众画师为难之时，人群中闪出一个人来，他双手呈上一幅画像给国王。

　　国王一看这幅画像，不禁连连称叹，赞不绝口，并将画像赐给群臣观赏。

这是一幅国王狩猎图。只见国王一条腿站在地上，一条腿登在地上，双手拉着弓箭，那只瞎了的眼睛做瞄准状，画面上的国王英姿飒爽，威武神勇。自然，大臣们对此也大加赞赏，于是国王赐给这个画师千两黄金作为奖赏。

（佚名）

# 寺里的快艇

一切靠你自己主动，美好的东西不会主动跑到你面前来。

一个久不被重用的年轻人，借单位集体到西湖春游之机，慕名拜访了清莲寺高僧普济。

他对普济说："我是一个名牌大学的本科生，已在单位办公室兢兢业业干了 10 年，比我学历低、年龄小、进单位晚的都得到了提拔重用，可我还是个办公室一般的文员，请高僧指点迷津。"

普济听了年轻人的话，双手合掌道："你在工作上对自己如何定位？"

"我老爸为官几十年，他告诉我，入仕不能太露锋芒，出头的椽子先烂。我认为很有道理。"年轻人说。

普济站起身对年轻人说："请随我到对面的景点看看吧。"

普济领着年轻人走出寺院，在湖边的一排快艇、大游船、小木舟中找到寺里的快艇然后发动小油门慢慢前行。

与他们同时起航的一艘快艇加大马力，似流星划过天空，在碧绿的湖面犁出一道白线。晚于他们起航的大游船"嘭嘭"欢叫着推浪前行，也很快甩掉了他们，就连随后而行的双人小扁舟也走在了他们的前面

一艘快艇风驰电掣般迎面驶了过来。艇主见普济的快艇一直走得很慢，便在他们旁边大声问："和尚，跑得这么慢是不是没油了？我有。"

普济合掌回答道："多谢，老衲是怕跑得快了有危险。"

一艘大游船迎面踏浪驶回来了。船主看着普济慢慢爬行的快艇高声喊道："和尚，你的快艇笨得像蜗牛，该淘汰了。"

一只双人舟迎面驶回来了。舟主对普济说："和尚，你的快艇连个小木舟都不如，养它干啥，报废了吧。"

普济没有吱声，他回头看看年轻人说："我们返回吧。"

普济调转艇头，加大油门，快艇电掣般向前飞驰，不一会儿就回到清莲寺。普济走下快艇笑着问年轻人："你说我的快艇究竟如何？"

"因为他们不知你没加足马力才说你的快艇没能量。"年轻人说。

"是啊，其实人又何尝不是如此呢。你学历再高，再有才华，但你不显露，别人不知晓，怎么能看重你呢？即便你的能量有人知晓，但见你畏畏缩缩，宁愿空耗生命也不敢开拓前进，人家又怎会承认、重用你呢？你又怎能快速到达理想的彼岸呢？在人才竞争激烈的今天更是如此啊。"

年轻人听了，茅塞顿开。

（佚名）

# 第六辑 每个人都是最优秀的

"世上无难事，只怕有心人。"人的一生要经历千百样事，有很多的事都是我们自己始料未及的。或许上天在某个时间给了你比别人还要多的困难与挫折，那么不要认为上天对你不公平，在很多时候，这正是它在考验和磨练你，在让你更快地成熟、让你更加坚强地去面对一切。

# 天　赋

　　当你做出了一个选择，无论是对是错，是成功还是失败，请不要后悔，不要逃避，学会相信自己，学会勇敢面对。

　　一名热爱写作的年轻人苦心撰写了一篇小说，请作家批评。因为作家正患眼疾，年轻人便将作品读给作家。读到最后一个字，他停顿下来。

　　作家问道："结束了吗？"听语气似乎意犹未尽，渴望下文。这一追问，煽起了学生的激情，立刻灵感喷发，马上接续道："没有啊，下部分更精彩。"他以自己都难以置信的构思叙述下去。

　　到达一个段落，作家又似乎难以割舍地问："结束了吗？"

　　小说一定摄魂勾魄，叫人欲罢不能！年轻人兴奋极了，更加激昂，也更加富于创作激情。他不可遏止地一而再，再而三地接续、接续……最后，电话铃声骤然响起，打断了学生的思绪。

　　有电话找作家，有急事需要马上去处理。作家匆匆准备出门，"那么，没读完的小说呢？"小伙子急切地问道。

　　"哦，其实你的小说早该收笔，在我第一次询问你是否结束的时候，就应该结束。何必画蛇添足、多此一举呢？当停则停，当止则止。看来，你还没把握情节脉络，尤其是缺少决断。决断是当作家的根本，否则绵延逶迤，拖泥带水，如何打动读者？"

　　年轻人羞愧难当，为刚才的暗暗高兴而追悔莫及，自认性格过于受外界左右，作品难以把握，恐不是当作家的料。

　　很久以后，这名年轻人遇到另一位作家，羞愧地谈及往事，谁知作

家惊呼："你的反应如此迅捷、思维如此敏锐、编造故事的能力如此强盛，这些正是成为作家的天赋呀！假如正确运用，作品一定脱颖而出。"

（佚名）

# 盲人跳伞员

冒险只是一个相对的概念。只要你不知道你正做着的是什么事，那就是有危险的。

在休闲活动走向惊险刺激的潮流之下，许多人选择了跳伞训练来挑战自己的胆识。就在一次这样例行的业余跳伞训练中，学员们由教练引导，鱼贯地背着降落伞登上运输机，准备进行高空跳伞。

突然，不知哪个学员一声惊叫，随着这一声叫声，大家才发现，竟然有一位盲人，带着他的导盲犬，正随着大家一起登机。更令人惊异的是，这位盲人和导盲犬的背上，也和大伙儿一样，有着一具降落伞。

飞机起飞之后，所有参加这次跳伞训练的学员们，都围着那位盲人，七嘴八舌地问他，为什么会参加这一次的跳伞训练。

其中一名学员问道："你根本看不到东西，怎么能够跳伞呢？"

盲人轻松地回答道："那有什么困难的？等飞机到了预定的高度，开始跳伞的警告广播响起，我只要抱着我的导盲犬，跟着你们一起排队往外跳，不就行了？"

另一名学员接着问道："那……你怎么知道什么时候该拉开降落伞？"

盲人答道："那更简单，教练不是教过？跳出去之后，从一数到五，我自然

就会把导盲犬和我自己身上的降落伞拉开，只要我不结巴，就不会有危险啊！"

又有人问："可是……落地时呢？跳伞最危险的地方，就在落地那一刻，你又该怎么办？"

盲人胸有成竹地笑道："这还不容易，只要等到我的导盲犬吓得歇斯底里地乱叫，同时手中的绳索变轻的刹那，我做好标准的落地动作，不就安全了？"

（佚名）

# 做最好的自己

> 从今天起，从认识到你是为自己工作起，积极经营自己，在每一分，每一秒里做最好的自己。

小时候，父母让你上东，你特想向西吗？让你上学，你偏偏调皮捣蛋、无所不能吗？长大了，你抱怨课程旁杂、老师拖堂、假期太短吗？工作了，你埋怨任务繁重，会议冗长，制度苛刻，领导严厉，同事无能吗？你还认为8小时以内，你是在为别人工作吗？你总是在等待别人的指令吗？你总有"熬点"的感觉吗？下班铃声一响，你长舒一口气：终于解放了。

呵呵，我是否说中了你的秘密？我想是的，因为我一度也是这样做的：小时候，父母让不干什么，偏干什么，成为逆反心理的模范行动者；课堂上，老师一拖堂，我就领头喊：我饿了，我们饿了；我总是在等别人的指令，有点像林黛玉——不敢多说一句话，不敢多走一步路。

有一天，我看到一个故事，才如梦方醒。

一个木匠，想退休回家。老板说，你最后为我建造一套房子，就可以离

170

开了。因为回家心切，木匠在这最后的工作里有点漫不经心，有点敷衍了事，有点潦草，最后这个工程几近成了"豆腐渣工程"。可是，什么事情发生了？原来这是老板要送给木匠的房子。这个时候，木匠后悔莫及：如果我知道是在为自己建房子，我一定会用最优质的建材、最高明的技术，然而现在呢？可是一切都已经来不及了。

读完这个故事，我发现自己实际上也是这个木匠，和父母作对的结果是，没有养成好的学习习惯，没有绕开父母曾经走过的弯路；抱怨课程和老师的结果，掌握的知识不扎实，没有取得好成绩。

我还以为 8 小时内的每一分，每一秒，说过的每一句话，做过的每一件事，是老板的，是为别人的。

但是，我忽视了一个事实，那就是，那每一分，每一秒是我人生的一部分，是我寿命里的组成；说过的话，做过的事，也同样是我说而不是他说的话，我做过不是别人做过的事，所有的所有，成为我人生的标签，成为我人生品牌的一部分。

明白了这些，我要做什么，我在问自己。

从今天起，自己为自己而活，自己为自己工作。自己是自己的老板。

从今天起，自己为自己制定目标。知道自己要走向何处。知道自己的未来在哪里。

从今天起，不迷茫，不抱怨，不消极等待，不自我欺骗，不将就，不应付，不得过且过，不投机取巧，不随波逐流。

从今天起，乐观、积极、充实、自制，让今天的自己超过昨天的自己。

从今天起，忠诚是为自己，敬业是为自己，努力是为自己，付出是为自己，信用是为自己。不求任何回报，因为这是为了我们自己。

回头再看，原来父母是为了让我们避免犯他们曾经的错误；老师的拖堂是要把知识尽可能的都教授给我们；苛刻的制度，严厉的老板是帮助我们成长的。

从今天起，从认识到你是为自己工作起，积极经营自己，在每一分，每一秒里做最好的自己。

然后你发现，其实，你在影响别人，影响环境。你是一个美好，这美好

向外扩展着、延伸着，打造出一个名字、一个美好的人生。你、我、他，这每一个你，连接在一起，成就一个环境，一个优美的环境。

（佚名）

# 属于自己的"布娃娃"

生活已经给了我们土壤、阳光和雨露，能否实现自我价值就看你自己了。一个人若想做大事，就必须从小事做起。

快毕业了，教室里的气氛显得沉闷而悲伤，平时在一起免不了磕磕碰碰，但朝夕相处培养出来的友情眼在毕业的时候才知道原来那么让人伤感和留恋。再加上前途未卜，大家都感到有些迷惘、沮丧，连平日里最活泼的男孩儿，此时也静静地坐在课桌前为大家写毕业赠言。

明天就要离校了，今天是班级最后一次聚会，班长提议："我有个建议，大家能不能讲讲自己这些年来所听到的最开心的故事，就当这是最后一次班会吧。"

大家都在心里"骂"班长：都什么时候了，还有心思讲故事。埋怨归埋怨，大家还是一个个站起来走上讲台，连平常最不爱说话的同学也走上了讲台，充分发挥自己的口才，尽自己所能讲起了最开心的故事。班长的这个办法挺见效，转眼间就把同学们逗得开怀大笑，气氛活跃了起来。

最后讲故事的是班上最不起眼的一个女孩，此时站在讲台上的她笑靥如花，她对大家说："我没有准备最开心的故事，但是我给大家讲一个最平常不过的故事吧，但愿对大家有所帮助。"

她讲的故事是这样的——

圣诞节到了，父亲和他的三个孩子围在炉旁烤火。父亲说："孩子们，在新的一年到来之际，你们说说各自心中的愿望吧。"

大儿子说："我最大的愿望是当个科学家，研制出世界上最棒的科技产品！"

二儿子说："我长大后希望当个将军，指挥千军万马，杀敌立功！"

轮到小女儿了，她歪着头认真地想了一会儿，然后天真无邪地对爸爸笑道："爸爸，我现在只想要一个布娃娃，您能满足我的这个心愿吗？"爸爸很快满足了这个平实而又切实的愿望。而另外两个儿子的理想一直也没有实现，甚至永远也不可能实现。

故事讲完了，台下静了几秒钟后，接着是一阵如雷的掌声。

几天后，大家都精神抖擞地走入了社会，寻找属于自己的"布娃娃"，不过它或新或旧、或大或小罢了。

（佚名）

# 薛瓦勒的理想宫

　　　　每个人都曾有过美丽的梦想，它在远处召唤着我们，但在我们紧紧握住它之前须付出巨大的代价。

　　法国有一个十分著名的风景旅游点，名字叫做"邮差薛瓦勒的理想宫"。这是法国的一个乡村邮差薛瓦勒亲手建造的。

　　作为一名邮差，薛瓦勒每天徒步奔走在乡村之间。这工作有些枯燥乏味，但薛瓦勒乐在其中。

　　一天，薛瓦勒突然被山路上的一块石头绊倒了。他站起来，拍了拍身上的土，正准备再走时，突然被绊倒自己的那块石头吸引住了。那块石头的样子十分奇异，薛瓦勒拾在手中左看右看，便有些爱不释手了。

　　于是，薛瓦勒把那块石头放在了自己的邮包里，继续赶路。薛瓦勒送信时，很多人都看到了他邮包里的石头。

　　"把它扔了，你每天要走那么多路，这可是个不小的负担。"人们好意地劝他。

　　他却取出那块石头，炫耀着说："你们谁见过这样美丽的石头？"

　　人们都笑了，说："这样的石头山上到处都是，够你捡一辈子的。"

　　他回家后疲惫地睡在床上，突然产生了一个念头：如果用这样美丽的石头建造一座城堡那将会多么迷人。于是，他每天在送信的途中寻找石头，每天总是带回一块。不久，他便收集了一大堆奇形怪状的石头，但建造城堡还远远不够。

　　于是，他开始推着独轮车送信，只要发现他中意的石头都会往独轮车上装。

　　从此以后，他再也没有过上一天安乐的日子。白天他是一个邮差和一个

运送石头的苦力，晚上他又是一个建筑师，他按照自己天马行空的思维来垒造自己的城堡。

对于他的行为，所有人都感到不可思议，认为他的精神出了问题。

二十多年的时间里，他不停地寻找石头、运输石头、堆积石头。在他的偏僻住处，出现许多错落有致的城堡，有清真寺式的、有印度神教式的、有基督教式的……当地人都知道有这样一个性格偏执沉默不语的邮差，在干一些如同小孩子筑沙堡的游戏。

1905 年，法国一家报社的记者偶然发现了这群低矮的城堡，这里的风景和城堡的建筑格局令他叹为观止。为此他写了一篇介绍薛瓦勒的文章，文章刊出后，薛瓦勒迅速成为新闻人物。许多人都慕名前来参观城堡，连当时最有声望的毕加索也专程参观了薛瓦勒的建筑。

在城堡的石块上，薛瓦勒当年的许多刻痕还清晰可见，有一句话就刻在入口处的一块石头上："我想知道一块有了愿望的石头能走多远。"据说，这就是那块当年绊倒过薛瓦勒的石头。

（佚名）

# 瑞恩的井

梦想，它帮助人们跨越了一个又一个的困难，让人们实现了一个又一个的愿望！是它，使得人们能够生活在充满着进步的社会！因为有了梦想，所以人们会实现自己的梦想而去努力！

"妈妈，给我 70 元钱。" 1998 年的一天，6 岁的加拿大男孩瑞恩?希里杰克刚一放学，就迫不及待地冲进家，向妈妈伸出手说，"我要给非洲的孩子挖一口井，好让他们有干净的水喝。"

原来，这天老师在给一年级学生上课的时候，讲到："在非洲，许多孩子住在条件很差的草棚里，由于没有足够的食物和饮用水，又缺少药物，许多儿童在饥饿、疾病中等待死亡。如果能捐出 70 元钱，就能帮他们挖一口井。"

"他们不应该过那样的生活。"一整天，"70 美金一口井"一直在瑞恩的脑子里转着。"我一定要为他们挖一口井。"瑞恩下定了决心。

面对瑞恩的请求，妈妈说："瑞恩，70 美金可不是小数目，得靠你自己去挣。"瑞恩爽快地答应了。

妈妈在冰箱上放了一个就饼干盒，并为瑞恩画了一个积分表，上面有 35 个格。饼干盒里每增加两元钱，瑞恩就可以涂掉一格。妈妈说："瑞恩，记住，你只能靠做额外的家务活来赚这些钱，愿意吗？"瑞恩点了点头。瑞恩的第一项工作是为地毯吸尘。哥哥和弟弟都出去玩了，瑞恩干了两个多小时。妈妈"验收"后，往饼干盒里放了两美金。几天后全家人去看电影，瑞恩一个人留下来擦了两个小时窗子，又挣了两美金。爷爷知道了瑞恩的梦想，雇他去捡松果；暴风雪过后，邻居们请他去帮忙捡落下的树枝；考试取得好成绩，爸爸给了奖励……瑞恩把所有得到的钱，都放进了那个饼干盒里。35 个格子终于被涂掉了。4 月下旬的一个早上，瑞恩抱着装有零钱的饼干盒，把辛辛苦苦挣来的 70 元钱交给募捐项目的负责人。

"太谢谢你了，瑞恩！"项目负责人接过捐款，向瑞恩介绍了在非洲进行的"洁净的水"募捐项目。最后，她不好意思地说，70 美元其实只能买一个水泵，挖一口井得要 700 美金。瑞恩还小，他不知道 700 美元是个多大的数目，他只是兴奋地说："那我再多干些活来挣更多的钱吧！"

可是，让瑞恩通过干活来攒够 700 美元，实在是太难了。尽管如此，瑞恩并没有放弃。妈妈的一位朋友被瑞恩的坚持不懈感动了，她决定帮帮这个富有同情心的孩子，于是她把瑞恩的事写成文章，登在当地的报纸上。很快，瑞恩的故事传遍了加拿大。

一周以后，瑞恩收到了一张 25 元的支票。没过多久，另外一张支票寄到了。从此以后，瑞恩不断收到捐款，在短短的两个月的时间里，瑞恩筹齐了 7000 美元。9 月，加拿大援助会驻乌干达办事处的工程师专程来到加拿大，和瑞恩一起讨论有关打井的事。那位工程师告诉瑞恩："人工凿井是一项艰巨的工作，大概要 20 个工人干 10 天才能完成。如果有一台钻井机，凿井的速度就快多了。"一声不吭的瑞恩突然说："那我来攒钱买钻井机吧。"他的声音很小，但很坚定，"我想让非洲的每一个人都能喝上干净的水。"瑞恩的老师没有想到，一个孩子能有这么大的决心。她号召班上的同学加入捐钱打井的行列，还通过有关部门，使瑞恩和同学们跟非洲的孩子们通上信。

就在瑞恩的第一口井打好不久，2000 年 7 月，瑞恩和爸爸妈妈坐着卡车，一路颠簸来到了乌干达的安格鲁。

车子开进村庄时，5000 多名孩子聚在路边，他们热烈地鼓着掌，有节奏地高喊着："瑞恩！瑞恩！"瑞恩羞涩地走下车去，不好意思地向着大家打着招呼。他被孩子们簇拥着，来到了一口井前。并被鲜花包围起来，水泥基座上刻着："瑞恩的井——为了这个痛苦的社会。"

村里的一位老人站出来，高声说："看看我们周围的孩子，他们全都是健康的。这要归功于瑞恩和我们的加拿大朋友。对于我们来说，水，就是生命。"听到这儿，瑞恩和父母都流下了激动、幸福的眼泪。是呀，一个梦想，竟有如此大的力量，在此时有谁不流泪呢？

后来，瑞恩·希里杰克被人称为"加拿大的灵魂"，被评选为"北美洲十大少年英雄"。到 2003 年初，"瑞恩的井"基金会有七十多万加元，已经在非洲挖了七十多口水井。

无畏的理想

实现梦想的关键是能否果断地采取行动。行动才是最强大的力量。

派蒂·威尔森在很小时就被诊断出患有癫痫，腿脚很不方便。

有一天，她突然向习惯每天长跑的父亲吉姆·威尔森提出建议，说："爸爸，我想每天跟你一起慢跑，但我担心中途会病情发作。"

她父亲回答说："当然好，听到你这样说，我很高兴。放心吧，万一你发作，我也知道如何处理。我们明天就开始跑吧。"

于是，十几岁的派蒂就与跑步结下了不解之缘。和父亲一起晨跑是她一天之中最快乐的时光。跑步期间，派蒂的病一次也没发作。

几个礼拜之后，她向父亲表示了自己的心愿："爸爸，我想打破女子长距离跑步的世界纪录。"她父亲替她查吉尼斯世界纪录，发现女子长距离跑步的最高记录是 80 英里。她的这个看起来有点异想天开的想法再次得到了爸爸的支持。

随后，读高一的派蒂为自己订立了一个长远的目标："今年我要从橘县跑到旧金山（400 英里），

高二时，要到达俄勒冈州的波特兰（1500 多英里）；

高三时的目标是到圣路易市（约 2000 英里）；

高四则要向白宫前进（约 3000 英里）。"

虽然派蒂的身体状况与他人不同，让她实施起这些计划来，付出了比别人多几倍的努力，但她仍然满怀热情与理想。对她而言，癫痫只是偶尔给她带来不便的小毛病，她不因此消极畏缩。相反的，她更珍惜自己已经拥有的。

高一时，派蒂穿着上面写着"我爱癫痫"的衬衫，一路跑到了旧金山。她父亲陪她跑完了全程，做护士的母亲则开着旅行拖车尾随其后，照料父女两人。

高二时，她身后的支持者换成了班上的同学。他们拿着巨幅的海报为她加油打气，海报上写着："派蒂，跑啊！"但在这段前往波特兰的路上，她扭伤了脚踝。医生劝告她立刻中止跑步："你的脚踝必须上石膏，否则会造成永久的伤害。"

她回答道："医生，你不了解，跑步不是我一时的兴趣，而是我一辈子的至爱。我跑步不单是为了自己，同时也是要向所有人证明，身有残缺的人照样能跑马拉松。有什么方法能让我跑完这段路？"

医生表示可用黏合剂先将受损处接合，而不用上石膏。但他警告说，这样会起水泡，到时会疼痛难耐。派蒂二话没说便点头答应。

派蒂终于来到波特兰，俄勒冈州州长还陪她跑完最后一英里。一面写着红字的横幅早在终点等着她："超级长跑女将，派蒂？威尔森在 17 岁生日这天创造了辉煌的纪录。"

高中的最后一年，派蒂花了 4 个月的时间，由西岸长征到东岸，最后抵达华盛顿，并接受总统召见。她告诉总统："我想让其他人知道，癫痫患者与一般人无异，也能过正常的生活。"

（佚名）

# 开着奔驰车来接你

进取心就像一粒顽强的种子，不管外界环境多么恶劣，只要种子的活力还在，它就会茁壮成长，拼命吸收天上的阳光、地上的水和养分，直至成功地结出果实。

1944 年 4 月 7 日，德国萨克森州的一个贫民家庭，一个男孩出生了，家人给他起名叫格哈德·施罗德。

施罗德出生后的第三天，父亲就战死在遥远的罗马尼亚。母亲当清洁工，带着他们姐弟二人，一家三口相依为命。

生活的艰难使母亲欠下许多债务。一天，债主逼上门来，母子抱头痛哭。年幼的施罗德拍着母亲的肩膀安慰她说："别伤心，妈妈，总有一天我会开着奔驰车来接你的！"

1950 年，施罗德上学了。因交不起学费，初中毕业他就到一家零售店当了学徒。贫穷带来的是别人轻视的眼光，这些使他立志要改变自己的人生，他发誓："我一定要从这里走出去。"

施罗德想学习，他在寻找机会。1962 年，他辞去了店员之职，到一家夜校学习。他一边学习，一边到建筑工地当清洁工。不仅收入有所增加，而且圆了他的上学梦。

四年夜校结业后，1966 年他进入了哥廷根大学夜校学习法律，圆了他上

大学的梦，并靠暑假打工来挣自己的生活费。回顾自己这段经历，施罗德说，每个人都要通过自己的勤奋努力，而不是通过父母的金钱来使自己接受教育。这对个人的成长至关重要。

毕业之后，施罗德当了律师。32 岁时，他当上了汉诺威霍尔律师事务所的合伙人。通过对法律的研究，他对政治产生了兴趣。他积极参加政党的集会，最终加入了社会民主党。此后，他崭露头角、步步提升。1978 年，施罗德成为社民党的青年组织——青年社会主义者的联合会主席。

1980 年，施罗德作为社民党下萨克森州首府汉诺威选区的代表，当选德国联邦议院议员，作为一名年轻的议员，他没有穿传统的西装领带而穿便装出席在议会上。1984 年，他担任社民党下萨克森州主席。这一年，他实现了40 年前对母亲的诺言。施罗德开着奔驰车，把母亲接到一家大饭店，为老人家庆祝 80 岁生日。年迈的母亲感动的一度说不出话来。

此后，施罗德逐渐成为社民党重要领导人。1990 年，社民党在下萨克森州竞选获胜，施罗德担任州总理，并直到 1998 年 3 月，三次连续获得该州选举的胜利。1998 年，施罗德领导的红与绿联盟在大选中获胜，成功当选德国联邦总理。在 2002 年举行的选举中，联盟再次胜利，施罗德赢得又一个四年的总理任期。

（佚名）

# 白色的金盏花

　　　　让生命充满希望，希望便赋予生命辉煌和灿烂，生命便拥有太
阳一样的虔诚而温暖的力量。


　　多年以前，美国曾有一家报纸刊登了一则园艺所重金征求纯白金盏花的启事，在当地一时引起轰动。高额的奖金让许多人趋之若鹜，但在千姿百态的自然界中，金盏花除了金色的就是棕色的，能培植出白色的，不是一件易事。所以许多人一阵热血沸腾之后，几乎所有人都把那则启事抛到九霄云外去了。

　　一晃就是20年，在那家园艺所已经对"金盏花启事"遗忘的时候。一天，那家园艺所意外地收到了一封热情的应征信和1粒纯白金盏花的种子。

　　当天，这件事就不胫而走，引起轩然大波。

　　寄种子的原来是一个年已古稀的老人。老人是一个地地道道的爱花人，当她20年前偶然看到那则启事后，便怦然心动。她不顾八个儿女的一致反对，义无反顾地干了下去。

　　她撒下了一些最普通的种子，精心侍弄。一年之后，金盏花开了，她从那些金色的，棕色的花中挑选了一朵颜色最淡的，任其自然枯萎，以取得最好的种子。次年，她又把它种下去。然后，再从这些花中挑选出颜色更淡的花的种子栽种……

　　日复一日，年复一年。终于，20年后的一天，她在那片花园中看到一朵金盏花，它不是近乎白色，也并非类似白色，而是如银如雪的白。

　　一个连专家都解决不了的问题，在一个不懂遗传学的老人手中迎刃而解，这是奇迹吗？生活中不能没有希望，因为希望，我们的生活才充满了欢乐与幸福；因为希望让我们拥有太多的激情和冲动面对生活。有人说，希望

是一份于焦躁不安的等待之后如愿以偿的一缕闪亮，是一份成竹在胸的顾盼之后意想不到的一个回眸，当它来到时，每一个心灵都会心生激动，同时又渴望下一缕亮光能够出现；当它消失时，每一个心灵都慌乱茫然，同时又忧伤懊悔。

在我们平凡平淡的生活中，希望是一种信心，更是一种巨大的精神力量。在我们意志薄弱的时候，它会出现，给予我们生命的勇气和力量。因为希望，我们心潮澎湃，激情涌动；因为希望，我们的生活中便迎来了一缕缕温暖阳光。

希望是一种力量。在周而复始的日子里，生活因希望收获更多的喜悦；在疲惫不堪的心灵中，生命因希望享受更多的安慰。让生命充满希望，希望便赋予生命辉煌和灿烂，生命便拥有太阳一样的虔诚而温暖的力量。

（佚名）

# 让全世界知道我

　　　　成功的态度中更重要的是永不屈服的勇气。如果以长久的眼光
来看待人生，人的一生中总会有顺风和逆风的时候。

　　拿破仑的父亲是一个极高傲但是穷困的科西嘉贵族。父亲把拿破仑送进了一个贵族学校，在这里与拿破仑往来的都是一些在他面前极力夸耀。

　　自己富有而讥讽他穷苦的同学。这种一致讥讽他的行为，虽然激起了他的愤怒，但他却只能一筹莫展，屈服在威势之下。

　　后来他实在受不住了，拿破仑便写信给父亲，说道"为了忍受这些外国

182

孩子的嘲笑，我实在疲于解释我的贫困了，他们唯一高于我的便是金钱，至于说到高尚的思想，他们是远在我之下的。难道我应当在这些富有高傲的人之下谦卑下去吗？"

"我们没有钱，但是你必须在那里读书。"这是他父亲的回答，因此使他忍受了5年的痛苦。但是每一种嘲笑，每一种欺侮，每一种轻视的态度，都使他增加了决心，他发誓要做给他们看看，他确实是高于他们的。

他是如何做的呢？这当然不是一件容易的事，他一点儿也不空口自夸，他只在心里暗暗计划，决定利用这些没有头脑却傲慢的人作为桥梁，去使自己得到技能、富有、名誉和地位。

等他到了部队时，看见他的同伴正在用多余的时间赌博。而他那不受人喜欢的体格使他决定改变方针，用埋头读书的方法，去努力和他们竞争。

读书是和呼吸一样自由的。因为他可以不花钱在图书馆里借书读，这使他得到了很大的收获。他并不是读没有意义的书，也不是专以读书来消遣自己的烦恼，而是为自己将来的理想做准备。他下定决心要让全天下的人知道自己的才华。因此，在他选择图书时，也就是以这种决心为选择的范围。

他住在一个既小又闷的房间内。在这里，他脸无血色，孤寂，沉闷，但是他却不停地读下去。他想象自己是一个总司令，将科西嘉岛的地图画出来，地图上清楚地指出哪些地方应当布置防范，这是用数学的方法精确地计算出来的。因此，他数学的才能获得了提高，这使他第一次有机会表示他能做什么。

他的长官看见拿破仑的学问很好，便派他在操练场上执行一些工作，这是需要极复杂的计算能力的。他的工作做得极好，于是他又获得了新的机会，拿破仑开始走上有权势的道路了。

这时，一切的情形都改变了。从前嘲笑他的人，现在都涌到他面前来，想分享一点儿他得的奖励金；从前轻视他的，现在都希望成为他的朋友，从前揶揄他是一个矮小、无用、死用功的人，现在也都改为尊重他。他们都变成了他的忠实拥戴者。

难道这是天才所造成的奇异改变的吗？抑或是因为他不停地工作而得到

的成功呢？他确实是聪明，他也确实是肯下工夫，不过还有一种力量比知识或苦工来得更为重要，那就是他那种想超过戏弄他的人的决心。

（佚名）

# 14年的空白

要想获得成功，必须先要确立一个目标

一个年轻人遇到了生活中的一些难题，慕名去拜访了一位80多岁的老学者。在学者那狭窄的厨房里，年轻人向学者倾诉了内心的困惑。

学者："过去的已不再，都不应该再沉浸其中。你应该抓紧现在和未来的日子。"

年轻人："是的，我在尽力。但是，我已经浪费了十几年。"

学者摇摇头："达尔文说他贪睡，把时间浪费了，却写了《物竞天择论》；奥本海默说他锄地拔草，把时间浪费了，后来成为'原子弹之父'，海明威说他打猎、钓鱼，把时间浪费了，却获得了诺贝尔文学奖，居里夫人说她为孩子和家务浪费了时间，然而她不但发现了镭，而且还把孩子教育成了科学家。"

年轻人听到这些激励的话，并没有因此自信，反倒大喊："他们这些人都是天才！我只是个平凡人，愚蠢的平凡人！"

"你有权评定你自己是愚蠢的平凡人。但我说，只要有确定的目标，在任何时间、做任何事，都不会妨碍思考和研究，甚至有助于思考和研究。他们自以为浪费了时间，实际上并没有浪费。"

学者继续说道："我70岁那年，想完成一个需要10年才能完成的研究计划。当时，我向一位三十多岁的年轻朋友谈到这个计划，他笑了笑。我知道他为什么笑，在他看来，70岁的老人，时日已不多，还能做些什么？10

年过去了，我的工作如期完成，仍然在实验室里忙着。"学者挺了挺胸，笑了。

"你那位年轻的朋友呢?"年轻人问。"不再年轻，已经中年啦!"

"对他来说，这14年来，应该是黄金年龄，相信有很不错的纪录。"

"没有，他也承认过去的14年是空白，真正的空白。"

"为什么?"

"依旧熙熙攘攘，庸庸碌碌地生活。14年，一眨眼就过去了。"这一番话，如当头一棒，年轻人呆了。

（佚名）

# 成功从一粒米开始

只有始终把注意力放在小的改变上，并做到矢志不渝，败而不馁，才能少受挫折，寻求到突破的机会，才能挥别失败与痛苦，笑迎成功与欢乐!

在台湾，有一个无人不知、无人不晓的人物，他就是台湾首富王永庆。他把台湾塑胶集团推进到世界化工业的前50名。和很多艰苦创业的人一样，他的创业也不是一帆风顺的，也充满了艰辛和挫折。他最早做的还只是卖米的小本生意。

王永庆早年家贫读不起书，只好去做买卖养家糊口。16岁的王永庆从老家来到嘉义开一家米店。那时，小小的嘉义已有米店近30家，竞争非常激烈。当时仅有200元资金的王永庆，只能在一条偏僻的巷子里承租一个很小

的铺面。他的米店开办最晚，规模最小，更谈不上知名度了，没有任何优
势。在新开张的那段日子里，生意冷冷清清，门可罗雀。

刚开始，王永庆曾背着米挨家挨户去推销，一天下来，人不仅累得够
呛，效果也不太好。谁会去买一个小商贩上门推销的米呢？可怎样才能打开
销路呢？王永庆决定从每一粒米上打开突破口。那时候的台湾，农民还处在
手工作业状态，由于稻谷收割与加工的技术落后，很多小石子之类的杂物很
容易掺杂在米里。人们在做饭之前，都要淘好几次米，很不方便。但大家都
已见怪不怪，习以为常。

王永庆却从这司空见惯中找到了切入点。他和两个弟弟一齐动手，一点
一点地将夹杂在米里的秕糠、砂石之类的杂物捡出来，然后再卖。一时间，
小镇上的主妇们都说，王永庆卖的米质量好，省去了淘米的麻烦。这样，一
传十、十传百，米店的生意日渐红火起来。

王永庆并没有就此满足。他还要在米上下大功夫。那时候，顾客都是上
门买米，自己运送回家。这对年轻人来说不算什么，但对一些上了年纪的
人，就是一个大大的不便了。而年轻人又无暇顾及家务，买米的顾客以老年
人居多。王永庆注意到这一细节，于是主动送米上门。这一方便顾客的服务
措施同样大受欢迎。当时还没有"送货上门"一说，增加这一服务项目等于
是一项创举。

王永庆送米，·并非送到顾客家门口了事，还要将米倒进米缸里。如果米
缸里还有陈米，他就将旧米倒出来，把米缸擦干净，再把新米倒进去，然后
将旧米放回上层。这样，陈米就不至于因存放过久而变质。王永庆这一精细
的服务令顾客深受感动，赢得了很多的顾客。

如果给新顾客送米，王永庆就细心记下这户人家米缸的容量，并且问明
家里有多少人吃饭，几个大人、几个小孩，每人饭量如何，据此估计该户人
家下次买米的大概时间，记在本子上。到时候，不等顾客上门，他就主动将
相应数量的米送到客户家里。

王永庆精细、务实的服务，使嘉义人都知道在米市马路尽头的巷子里，
有一个卖好米并送货上门的王永庆。有了知名度后，王永庆的生意更加红火

起来。这样，经过一年多的资金积累和客户积累，王永庆便自己办了个碾米厂，在最繁华热闹的临街处租了一处比原来大好几倍的房子，临街做铺面，里间做碾米厂。

就这样，王永庆从小小的米店生意开始了他后来问鼎台湾首富的事业。

（佚名）

# 追梦人

生命中最珍贵的礼物不是花钱买来的，而是通过努力和决心而获取的。

9 岁时，我住在北卡罗来纳州的一个小镇上。在一本儿童杂志的后封，我看到一则招聘贺卡推销员的广告，认为自己能胜任。征得妈妈的同意后，我让人把全套货物送来。两周后，货到了，我把棕色包装纸扯开，抓起卡片，就冲了出去。3 个小时后，卡片卖光了，我的口袋里装满了钱。我跑回家高喊着："妈妈，人们都争先恐后地买我的贺卡！"一个推销员诞生了。

12 岁时，父亲带我拜访齐格？齐格勒先生。记得那时我们坐在昏暗的礼堂里听着齐格勒先生演说，他的话激励了所有人，大家的情绪都很高昂。离开时我觉得自己无所不能了。

上车后，我对父亲说："爸爸，我也想让人们有这样的感觉。"

爸爸问我是什么意思。"我想成为齐格勒先生那样的鼓动演说家。"我答道。

一个梦想诞生了。

　　最近，我开始鼓动他人，激励他们实现自己的梦想。此前的4年里，我在一个拥有100家公司的财团工作，从一个销售培训员做到地区销售经理，在事业达到巅峰时我离开了公司。很多人不理解，我为什么会放弃6位数的高薪，去冒险实现自己的梦想。

　　我是在参加了一次地区销售会议后，决定离开安全港湾，自己开创公司的。那次会议上，公司副总裁做的一次演说，改变了我的命运。

　　他问我们："如果一个神仙能满足你三个愿望，那你希望得到什么？"他让我们把自己的愿望写下来，然后问："你们为什么需要神仙呢？"那一刻，这句话让我震撼不已，令我永生难忘。

　　我意识到自己拥有成功所具备的一切条件：毕业文凭、成功的销售经验、无数的演讲经历，在一个拥有100家公司的财团做过销售培训和管理工作。要成为一名鼓动演说家，我已经准备好了，无需神仙的帮助。

　　当我含泪把计划告诉老板时，这位我所敬重的领导，出乎意料地说："勇往向前吧！你一定会成功。"

　　我刚决定下来，便遇到了考验。辞职一周后，丈夫也失业了。我们刚买了一栋新房子，需要双方用工资来支付每月的抵押贷款，可现在却一分钱收入都没有。此时我想重返公司，我知道他们仍想接纳我，但也知道一旦回去就很难再出来了。我下定决心继续前行，决不做一个满口"如果"，却不付诸行动的人。

　　一个鼓动演说家诞生了。

　　我紧追自己的梦想。即使是在最艰苦的时候也不曾放弃，最终奇迹出现了。丈夫在较短的时间内找到了一份满意的工作，我们的抵押贷款一个月都没拖欠。我也开始有新客户预约演说了。我发现了梦想的无穷力量。我喜欢先前的工作、同事和离开的那家公司，但我实现梦想的时机已成熟。为了庆贺成功，我请当地一位艺术家把新办公室改造成一座花园，在一面墙的顶端印了这么一句话："世界是为追梦者准备的。"

（佚名）

# 把失败写在背面

> 要在失败的过程中一次比一次更接近成功，而不是在失败的脚印上原地踏步。在失败的脚印上踏步是永远也到不了成功的终点的。

有一个年轻人，从小就有一个梦想，希望有一天自己能够成为一名出色的赛车手。他在军队服役的时候，曾开过卡车，这对他熟练驾驶技术起到了很大的帮助作用。

退役之后，他选择到一家农场里开车。在工作之余，他仍一直坚持参加一支业余赛车队的技能训练。只要有车赛，他都会想尽一切办法参加。因为得不到好的名次，所以他在赛车上的收入几乎为零，这也使得他欠下一笔数目不小的债务。

那一年，他参加了威斯康星州的赛车比赛。当赛程进行到一半多的时候，他的赛车位列第三，他有很大的希望在这次比赛中获得好的名次。

突然，他前面那两辆赛车发生了相撞事故，他迅速地转动赛车的方向盘，试图避开他们。但终究因为车速太快未能成功。结果，他撞到车道旁的墙壁上，赛车在燃烧中停了下来。当他被救出来时，手已经被烧伤，鼻子也不见了。体表伤面积达 40%。医生给他做了 7 个小时的手术之后，才使他从死神的手中挣脱出来。

经历这次事故，尽管他命保住了，可他的手萎缩得像鸡爪一样。医生告诉他说："以后，你再也不能开车了。"

可是，他不愿意接受命运对他的安排。他没有灰心失望。为了实现那个久远的梦想，他决心再一次为成功付出代价。他接受了一系列植皮手术，为了恢复手指的灵活性，每天他都不停地练习用残余部分去抓木条，有时疼得浑身大汗淋漓，而他仍然坚持着。他始终坚信自己的能力。在做完最后一次手术之后，他回到了农场，换用开推土机的办法使自己的手掌重新磨出老茧，并继续练习赛车。

仅仅是在9个月之后，他又重返了赛场！他首先参加了一场公益性的赛车比赛，但没有获胜，因为他的车在中途意外地熄了火。不过，在随后的一次全程200英里的汽车比赛中，他取得了第二名的成绩。

又过了2个月，仍是在上次发生事故的那个赛场上，他满怀信心地驾车驶入赛场。经过一番激烈地角逐，他最终赢得了250英里比赛的冠军。

他，就是美国颇具传奇色彩的伟大赛车手——吉米？哈里波斯。当吉米第一次以冠军的姿态面对热情而疯狂的观众时，他流下了激动的眼泪。一些记者纷纷将他围住，并向他提出一个相同的问题："你在遭受那次沉重的打击之后，是什么力量使你重新振作起来的呢？"

此时，吉米手中拿着一张此次比赛的招贴图片，上面是一辆赛车迎着朝阳飞驰。他没有回答，只是微笑着用黑色的水笔在图片的背后写上一句凝重的话："把失败写在背面，我相信自己一定能成功！"

（佚名）

# 机遇，曾经来过

碰到机遇是一种幸运，抓住机遇却是一种能力。只有预备充分，眼光精确，才能抓住机遇，把握机遇，取得成功。

旱季来了，河床就要干涸了。

这是在非洲，曾经湍急的河流已经变成了一个个小水洼。烈日下，龟裂的河床在急速扩展，远处却隐隐传来了大江的涛声，鱼儿们从一个水洼跳到另一个水洼，奔涛声而去。

"还有多远呢？"一个不大的水洼里，一条大鱼喘着粗气，问躺着歇息的一尾小鱼。

"远着呢！别费劲了，到不了大江的。"小鱼悠然地在水洼里游了一圈说，"做什么大江的梦啊，现实点，就在这儿呆着吧！"

"可用不了多久，这水洼里的水就会干的。"

"那又怎样？长路漫漫，你又能走多远？离大江五十步和离大江一百步有什么区别？结局都是一样的，要看结局，懂吗？"

"即便真的到不了大江，只要我已经尽力了，也不后悔。"

"你已经遍体鳞伤了，老兄！"小鱼自如地扭动着自己保养得很好的身体，嘲弄着在小水洼里已经转不开身的大鱼，"像你这样笨重的身材，不老老实实在原处呆着，还奔什么大江啊？你以为自己还年轻啊？就算真的有鱼能到达大江，也轮不到你！"

小鱼戳到了大鱼的痛处，它望着小鱼说："真的很羡慕你们有如此娇小的身材，在越来越浅的水洼里，只有你们才能自如地呼吸。可是，再苦再难，我们大鱼也得朝前奔啊，我们也得把握自己的命运。"大鱼说完，一个纵身，跳入了下一个水洼，它听见了小鱼抑制不住的笑声。它知道，自己的动作很笨拙，它看见自己的鱼鳞又脱落了几片，而肚皮已渗出斑斑血迹。但它对自己说：此时此刻，除了向前，已别无选择。水洼的面积越来越小，大鱼知道，前面的路将越发艰难，它已很难再喝到水了，偶尔滋润干唇的是自己的泪。沿途，它看见大片大片的鱼变成了鱼干，其中，有许多是比它灵活得多的小鱼。

每一个水洼里都躺着懒得再动的伙伴，它们大口大口地喘着粗气，对大鱼说："别跳了，省点力气吧！没用的。"而大鱼却分明听见了越来越近的涛声。"坚持，"它对自己说，"唯有坚持，才有希望。"

不知跳了多久，大鱼终于看见了大江的波涛。可是，它的体力已经在长途跋涉中消耗殆尽，通向大江的路上，最后的一个水洼也干涸了！虽然，只有一步之遥，可大鱼想，它是到不了大江了。就在这时，它听见了水声，接着，便看见一股小小的水流缓缓流来，这是行将干涸的河床在这个夏季最后的一股水流吧?!

　　大鱼抓住了这个机会,在水流的帮助下,一鼓作气奔向大江。而那些留在水洼里的鱼儿,却只是让这股水流稍稍往前带出了一步,一小步而已,大江离它们依旧遥不可及。而干旱却以无法阻挡的步伐占领了这片土地。面对已然干涸的河床,只有跳入大江的鱼儿知道,机遇,曾经来过。

（佚名）

# 你被解雇了

　　　　把失败和成功掌握在我们手中,不要沉溺于失败,而要超越自我,发掘机会。

　　这一天,一位中年人像往常一样,拎着心爱的公文包去公司上班。他是一个工作认真的人,在二十几年的职业生涯中,勤勤恳恳、兢兢业业。

　　没有偷过一次懒儿、没有旷过一次工,才熬到今天部门经理的位置上,其中充满了艰辛困苦。他只要再这样工作几年,就可以安安稳稳地拿到退休金了。可是,他万万没有想到,这将是他在公司工作的最后一天。

　　"你被解雇了!"

　　"为什么?我犯了什么错?"他惊讶、疑惑地问。

　　"不,你没有过错。公司发展不景气,董事会决定裁员,仅此而已。"

　　是的,仅此而已。他在一夜之间,从一名受人尊敬的公司经理成了一名在街上流浪的失业者。和所有的失业者一样,繁重的家庭开支迫使他必须重新找到生活来源。他的精神几乎承受不了这样的打击,有时在街头呆坐,看着来来往往的人群,内心一片空白。有一天,他遇到了自己的朋友——和他一样同是经理人现在也同样遭到解雇。两个人互相安慰,一起寻求解决的办法。

"为什么我们不自己创办一家公司呢?"

这个念头像火苗一样,在他心中一闪,点燃了压抑在心中的激情和梦想。于是,两个人就开始策划建立新家居仓储公司。两位失业的经理人为企业制定了一份发展规划和一个"拥有最低价格、最优选择、最好服务"的制胜理念,并制定出使这一优秀理念在企业发展中得以成功实践的一套管理制度,然后就开始着手创办企业。

他们创办的就是后来拥有极高知名度的一家家居仓储公司。目前他们的公司已经成为拥有775家店、16万名员工、年销售额300亿美元的世界500强企业。

而这个奇迹始于20年前的一句话:你被解雇了!

(佚名)

# 2500个"请"字

只要保持平衡的心态,只要敢于正视失败,敢于拼搏,你一定
会叩开成功的大门。

约翰很不幸,在他45岁的时候竟然遭遇公司裁员,从此失去了工作。一家6口的生活没了着落,全靠他一人外出打零工挣钱维持,经常是吃了上顿没下顿,有时一天连一顿饱饭也吃不上。

为了找到工作,约翰一边外出打工,一边到处求职。但偌大的社会几乎不给他任何机会。所到之处都以其年龄大或者单位没有空缺为借口将其拒之门外。然而,约翰不因此而灰心,他看中了离家不远的一家建筑公司,于是便向公司老板寄去第一封求职信。

信中他并没有将自己吹嘘得如何能干、如何有才，也没有提出自己的要求，只简单地写了这样一句话："请给我一份工作。"

公司老板收到这封求职信后，让手下人回信告诉约翰"公司没有空缺"。但约翰仍不死心，又给公司老板写了第二封求职信。这次他还是没有吹嘘自己，只是在第一封信的基础上多加了一个"请"字："请请给我一份工作。"此后，约翰一天给公司写两封求职信，每封信都不谈自己的具体情况，只是在信的开头比前一封信多加一个"请"字。3 年间，约翰一共写了 2500 封信，第 2500 封信中在 2500 个"请"字后是"给我一份工作"。

见到第 2500 封求职信时，公司老板再也沉不住气了，亲笔给他回信："请即刻来公司面试。"面试时，老板告诉约翰，公司里最适合他的工作是处理邮件，因为他"最有写信的耐心"。

一位记者获知此事后，专门登门对约翰进行了采访，问他为什么每封信都只比上一封信多增加一个"请"字，约翰平静地回答："这很正常，因为我没有打字机，只想让他们知道这些信没有一封是复制的。"

当这位记者问老板为什么最后录用约翰时，老板不无幽默地说："当你看到一封信上有 2500 个'请'字时，你能不受感动吗？"

（佚名）

# 第七辑　新生活从选定方向开始

每个人都希望自己成为生活的强者，但通往强者的路上不会是一帆风顺的，可能随时随地都有一堆困难在等待着你。面对种种挫折与困境，要有将自己的梦想坚持到底的决心。往往最艰难的时刻，便是成功向你招手的时刻。这时候，失去自信，盲目地羡慕别人、模仿别人，你就只能听从命运的摆布。只要坚持通过这段艰难的岁月，突破瓶颈，就能达到新的高峰，奇迹就会在你身边绽放光彩，成功会献给你缤纷的彩虹。

# 自己动手试试

　　我们来到这个世界，我们需要去经历，我们必须去历练，所有的经历。

　　有一对父子，父亲是有名的雕刻家，儿子 12 岁。儿子要爸爸给他做几件玩具，雕塑家从来不答应，只是说："你为什么不自己动手试试呢？"儿子就很气愤。时间一长，他拗不过爸爸，便不再哀求、纠缠，试着按自己的想象制作起来。

　　起先，雕塑家似乎没看到儿子的工作，对他的埋头苦干不管也不问，放任自流。孩子常常造出些奇形怪状的东西，自己很快活，但不久便玩腻了，重新制作。

　　为了制好自己的玩具，孩子开始注意父亲的工作，常常站在大台边观看父亲如何运用各种工具，然后模仿着运用于玩具制作。父亲也从来不向他讲解什么，依然放任自流。一年后，孩子好像初步掌握了一些制作方法，玩具造得颇像个样子。这时，父亲偶尔会指点一二。但孩子脾气倔，心里也一直记恨父亲不爱自己。从来不将父亲的话当回事，我行我素，自得其乐，奇怪的是，父亲从来也不生气。

　　又一年，孩子的技艺显著提高，可以随心所欲地摆弄出各种人和动物形状，孩子常常将自己的"杰作"展示给别人看，引来诸多夸赞。但雕塑家总是淡淡地笑笑，并不在乎似的，也从来没有夸奖过儿子。

　　忽然有一天，孩子存放在工作室的玩具全部不翼而飞了！他十分惊疑！父亲说："昨夜可能有小偷来过。"孩子没办法，只得重新制作。

　　半年后，工作室再次被盗！孩子很伤心，决定将自己的玩具全部搬进卧室。但父亲不允许，说会弄脏家里。又半年，工作室又失窃。如此多次，孩子已渐渐长成一个少年。他有些怀疑是父亲在捣鬼：为什么从不见父亲为失窃而吃惊、防范呢？

偶然一天夜晚，儿子从外边归来，见工作室灯亮着，便溜到窗边窥视：父亲背着手，在雕塑作品前踱步、观看。好一会儿，父亲仿佛作出某种决定，一转身，拾起一把斧子，将自己大部分作品打得稀巴烂！接着，将这些碎土块堆到一起，放上水，重新和成泥巴。

孩子疑惑地站在窗外。这时，他又看见父亲走到他的那批小玩具前！只见父亲拿起每件玩具端详片刻，还用脸颊贴贴它们，像亲吻似的！然后，父亲将儿子所有的自制玩具扔到泥堆里搅和起来！

父亲发现儿子站在身后的时候，儿子愤怒的眼睛似乎要冒出火来。父亲有些羞愧，温和地抚摸着儿子的脸蛋，吞吞吐吐道："我……不是……是因为，只有砸烂较差的，我们才能创造更好的。"

又十年，父亲和儿子的作品多次同获国内外大奖，儿子在雕刻上面的成就甚至超过了父亲。

（佚名）

# 空空的麦穗

命运是掌握在我们自己手中的，我们的心态、我们的选择，决定了人生的方向。

有一天，一个农夫找到上帝，对他说："我的神啊，你创造了世界，但是你未必了解民生的疾苦，不了解农民种田有多么辛苦，我得教你点东西。"

上帝偷偷笑了，对他说："好吧，那你就告诉我吧。"

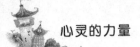

　　"我们用一年时间尝试，在这一年里，你按照我所说的去做。我会让你看见，世界上不会再有贫穷和饥饿。"

　　在这一年里，上帝满足了农夫所有的要求。没有狂风暴雨，没有电闪雷鸣，没有任何对庄稼有危险的自然灾害发生。当农夫觉得该出太阳了，就会阳光普照；要是觉得该下点雨了，就会有雨滴落下，而且想让雨停雨就停。环境真是太好了，小麦的长势特别喜人。

　　一年的时间到了，农夫看到麦子长得那么好，就对上帝说："你瞧，要是再这么过十年，就会有足够的粮食来养活所有的人。人们就算不干活也不会饿死了！"

　　然而，等人们收割的时候，却发现麦穗里什么都没有，空空如也。这些长得那么好的麦子，竟然什么都没结出来。

　　农夫惊讶极了，又跑到上帝那儿去了："上帝呀，这究竟是怎么回事呀？"

　　"那是因为小麦都过得太舒服了，没有任何打击是不行的。这一年里，它们没经过风吹雨打，也没受到过烈日煎熬。你帮它们避免了一切可能伤害它们的东西。没错，它们长得又高又好，但是你也看见了，麦穗里什么都结不出来。所以小麦还是时不时需要些挫折的，就像白昼之间总有黑夜，风雨雷电都是必需的，正是这些锻炼了小麦。"

（佚名）

# 坚决的放弃

　　生活中，我们必须学会放弃，学会可以为了一棵树而放弃整个森林，这也许是另一种珍惜。

　　在非洲辽阔的草原上，生活着猎豹，还有猎豹最喜爱的食物：羚羊。

　　在捕食时，猎豹总是伏下身，一步一挪地接近羚羊，尽量不让对方发现，然后以迅雷不及掩耳之势向对方扑去。但是灵敏的羚羊往往会猛地躲闪开来，竭尽全力快速朝前逃跑。猎豹则在后面箭一般地追逐，始终目标专一地盯着前面那头边跑边不断急转弯的羚羊。只见七百米、六百米、五百米、四百米……距离越来越短，羚羊唾手可得。可是，令人惊异的是猎豹有时竟会突然停止追杀，望着咫尺之内的羚羊，悠然地走开了。

　　为什么？原来，猎豹虽然是动物中的奔跑冠军，追击猎物的时速可高达120公里，可是公平的大自然在赐予它无与伦比的速度的同时，却没有赐予它足够的耐力。它根本无法长时间追逐猎物，当它的奔跑速度达到110公里以上的时候，它的呼吸系统和循环系统都在超负荷运转。如果它追猎的时间过长而又不成功，就有可能饿死，因为它再没有力气去捕猎了。

　　为了能有足够的体力对付下一次捕猎，不导致饿死的结局，猎豹的做法很果断，那就是一定要在30秒的时间内，也就是在800米的距离内，将猎物追捕到手。如果超过了这个时间和距离，它们就会坚决放弃，等待下一次机会。

　　身为短跑冠军，美食在前却能果断舍弃。而在现实生活中，有许多人因为有着出众的才学品貌，总是十分自负，想要的东西就一定要拥有。结果一

旦遭遇失败，身心长时间内都无法恢复。其实，即使是才华杰出者，我们有时也需要勇于放弃、善于放弃，这样反而更能争取到完美的人生。

（佚名）

# 两块石头

上帝在关掉一扇门的同时也会打开一扇窗户，而这扇窗，只是没有被发现而已。

很久以前，有一个地方，有很多善男信女。政府集资建了一座规模宏大的寺庙。竣工之后，这些善男信女们就开始每天祈求佛祖，能给他们送来一个最好的雕刻师，好雕刻一尊佛像让大家供奉。于是如来佛就派来了一个擅长雕刻的罗汉，让他幻化成一个雕刻师来到人间。

雕刻师选了两块石头，一块质地上乘，另一块质地一般。雕刻师自然选择质地上乘的石头。

雕刻师开始了工作。可是，没想到他刚拿起凿子凿了几下，这块石头就喊起痛来。

雕刻的罗汉就劝它说："不受点苦，是不可能改变自己的命运的。不经过细细地雕琢，你永远只是一块不起眼的石头，还是忍一忍吧。"

可是，等到他的凿子一落到石头身上，那块石头依然哀嚎不已："痛死我了，痛死我了。求求你，饶了我吧！我还是做我不起眼的石头吧！"雕刻师实在忍受不了这块石头的叫嚷，只好停止了工作。

于是，罗汉就用了另外一块质地远不如它的粗糙石头雕琢。虽然这块石头的质地较差，但它因为自己能被雕刻师选中，从而内心感激不已，同时也对自己将被雕成一尊精美的雕像深信不疑。所以，任凭雕刻师的刀琢斧敲，它都以坚忍的毅力默默地承受过来了。雕刻师则因为知道这块石头的质地差一些，为了展示自己的艺术，他工作地更加卖力，雕琢地更加精细。

不久，一尊肃穆庄严、气魄宏大的佛像赫然立在人们的面前。大家惊叹之余，就把它安放到了神坛上。

这座庙宇的香火非常的鼎盛，日夜香烟缭绕，天天人流不息。为了方便日益增加的香客行走，那块怕痛的石头被人们弄去填坑筑路了。由于当初承受不了雕琢之苦，现在只得忍受人来车往、车碾脚踩的痛苦。看到那尊雕刻好的佛像安享人们的顶礼膜拜，它内心里总觉得不是滋味。

有一次，这块曾经质地优良的石头愤愤不平地对正路过此处的佛祖说："佛祖啊，这太不公平了！您看那块石头的资质比我差得多，如今却享受着人间的礼赞尊崇，而我却每天遭受凌辱践踏、日晒雨淋，您为什么要这样偏心啊？"

佛祖微微一笑说："是的，它的资质远远不如你，但是那块石头的荣耀却是来自一刀一锉的雕琢之痛啊！你既然受不了雕琢之苦，只能最后得到这样的命运啊！"

（佚名）

# 黑边眼镜

他想了半天认真地说，给我配副金丝眼镜吧？一桌子人都笑了，他看见只有母亲没有笑，眼睛红红的。

他13岁那年尽管学习不怎么好，眼睛居然近视了。老师按成绩排座位，他只能坐在倒数第三排，妈妈找过老师，但无济于事。

那个秋天的周末，妈妈带他去县城配眼镜。清晨很早就起来了，家离县城25公里，乡下没有柏油路，没有汽车。两个荷包蛋下肚，他和妈妈已走在微凉的晨风中了。他坐自行车后座，车子在颠簸的路上前进，两旁是绿油油的玉米。走上一段就有农民浇地在路上挖开的小水沟，妈妈拎着车子一下跨过去，他先后退几步才能跳过去。每次跳上车子，都是轻轻的，妈妈说这么轻跟小猫似的。

那是他第一次进城，满眼的新鲜。在一个写着"电脑验光"的南方人开的眼镜店门口停下。他们进去根本没看见电脑，在视力表前就检查完了。不到20分钟眼镜片就磨好了，妈妈让他自己选个镜框。他挑了一个金色的，妈妈说不好看戴上跟金丝猴似的，给他挑了一个塑料的黑框。他戴上觉得象个"五四"青年，傻傻的，但是妈妈说很好，买下了。他有点闷闷不乐，他知道黑塑料镜框比金丝的便宜30块钱。

中午吃的"焖饼"，妈妈让厨师在他那盘上特意加了一只煎蛋。下午太阳很毒，他依然坐在后边，妈妈的衣服后背都湿透了贴在身上。他给妈妈把衣服揪起来，风一吹很快干了，放下，又湿了……

公路边有卖西瓜的农民，妈妈花了1块钱买了一个很小的西瓜。天黑的时候才到家，晚上他戴上眼镜在弟妹羡慕的眼神中走来走去，很神气。晚上睡觉也没摘下来。

在那学校他是唯一戴眼镜的小学生，因为成绩不好他居然成了老师的反面典型，念不好书可别把眼睛念坏了……他很生气，从此以后他学习更加刻苦，那个眼镜放在书包里再也没戴过。

后来他终于考进了"前三名"，班里的座位可以任意挑选。他没动，依然坐在倒数第三排，只是把那个黑边眼镜戴上了。

8年后他考进一所名牌大学。在省城做大生意的姑父为他在县城的大酒店摆"庆功酒"。姑父问他有什么要求，他想了半天认真地说，给我配副金丝眼镜吧？一桌子人都笑了，他看见只有母亲没有笑，眼睛红红的。他突然想起了那个秋天，他在自行车后座用小手揪起妈妈的衣服……

当他戴着800多元的金丝眼镜到学校报道时，他愣住了。那些跑来跑去帮他搬行李的眼镜族学哥学姐们，全戴那种黑边窄框的眼镜，看上去酷酷的。一个学姐说，怎么还带这种金丝镜，太老土了……

第二天他悄悄翻出那个戴了八年的黑边眼镜，混在学生中为刚来报道的同学搬起了行李……

（付体昌）

# 不要背着包袱赶路

> 痛苦、孤独、寂寞、灾难、眼泪，这些对人生都是有用的，它使生命得到升华，但须臾不忘，就成了人生的包袱。

一个青年背着一个大包裹千里迢迢跑来找大师，他说："大师，我是那样的孤独、痛苦和寂寞，长期的跋涉使我疲倦到极点：我的鞋子破了，荆棘割破双脚；手也受伤了，流血不止；嗓子因为长久的呼喊而嘶哑……为什么我还不能找到心中的阳光？"

大师问："你的大包裹里装的是什么？"青年说："它对我可重要了。里面是我每一次跌倒时的痛苦，每一次受伤后的哭泣，每一次孤寂时的烦恼……靠了它，我才有勇气走到您这里来。"

于是，灵智大师带青年来到河边，他们坐船过了河。上岸后，大师说："你扛着船赶路吧。"青年很惊讶，"它那么沉，我扛得动吗？""是的，孩子，你扛不动它。"大师微微一笑，说："过河时，船是有用的。但过了河，我们就要放下船赶路。否则，它会变成我们的包袱。痛苦、孤独、寂寞、灾难、眼泪，这些对人生都是有用的，它使生命得到升华，但须臾不忘，就成了人生的包袱。放下它吧！孩子，生命不能太负重。"

青年放下包袱，继续赶路，他发觉自己的步子轻松而愉悦，比以前快得多。

（佚名）

# 方向决定成败

　　一个人，如果一味蛮干，只低头拉车，不抬头看路也许永远到不了自己的目的地。

　　艾戈尔是德国汉堡的自由职业画家，当年从法国来到德国时，为了绘画艺术，他整天饿着肚子，竭尽千般努力，吃尽万般苦头，梦想着有朝一日出人头地当名画家。然而，经过数年努力，历经痛苦挣扎，仍然事与愿违，一张又一张呕心沥血创作的油画无人问津，还是个口袋空空的落魄艺术家。这时，他才意识到，自己的想法和做法不切实际，必须换个前进方向，找到一种适合自己的生存方式，方能实现当名画家的理想。

　　艾戈尔经过观察发现，德国一般的传统家庭都很注重每天全家在一起的聚餐，并以此为亲情交流沟通的美好时光。

　　为了营造共进晚餐时的气氛，虽然食品简单得只是些面包、果酱和香肠，但场面绝对高贵典雅，最富特色的是这样的晚餐都要铺上艺术餐巾纸，并根据不同的天气、当天幸运色以及不同的节日来挑选合适的艺术餐巾纸；若是品东方茶，就配上东方茶具和东方图案的餐巾纸；而如果喝咖啡，则垫上印有巧克力豆的餐巾纸。因此，在德国，10张一包的艺术餐巾纸的价格一般都在4~5欧元左右，而且销售行情很好。

　　这时，艾戈尔有了自己的想法，决定改变自己艺术追求的方向。他成立了自己的餐巾纸设计公司，将法国人的浪漫充分体现在自己的纸巾设计作品中，将德国人的严谨应用到他的企业管理中。

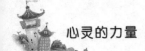
　　经过十几年的努力，终于从一个食不果腹的自由职业画家，成功地转型为一位设计师，尤其在艺术餐巾纸的设计和销售方面，更是名声远扬。

　　现在，他正在考虑如何实现多年来想当一名著名画家的梦想，还想建立一个属于自己的博物馆，将他设计的所有艺术餐巾纸陈列出来，供人参观、收藏。

　　在实现成功目标的努力中，很多时候，除了顽强斗志和不懈奋进外，更需要正确的方向。一味蛮干，只低头拉车，不抬头看路，也许永远到不了自己的目的地。

（薛韬）

# 天下没有好赚的钱

赚大钱先从小钱赚起，一个不屑赚小钱的人永远也赚不回大钱。

我妹妹大学毕业后，到一家贸易公司担任秘书，去上班的那天早上她兴高采烈，晚上回来却哭丧着脸对我说："原来钱那么不好赚！想想还是念书的日子好过！"

钱的确是不好赚的，上班的人要朝九晚五，有时还要加班，放弃私人生活。我甚至看过为了上班赚钱，把小孩锁在家里而酿出不幸的；此外，还要看老板的脸色，又要和同事维持和谐的关系，更怕工作绩效不够而被降级、炒鱿鱼……钱怎么会是好赚的呢？

那就自己当老板好了。当老板固然有可能赚大钱，但也有可能血本无归，天底下没有"稳赚"的生意，光是这一点，当老板的就要大叹钱不好赚。而为了维持企业的营运，当老板的无不绞尽脑汁开拓业务，有时连赔本的买卖也要接。此外还要应付同行的竞争，更怕人才留不住……有很多当老板的全身是病，这都是为赚钱而惹出来的。钱哪会是好赚的呢？

当员工或当老板钱都不好赚，那总也有一些"好赚"的行业吧！

非法行业看来好赚，像开赌场、贩毒，无本万利，可是这种钱也不好赚，因为既怕警察来抓，又怕黑吃黑，每天担惊受怕，这种钱哪是好赚的？

那么搞色情行业如何？靠出卖肉体不用本钱，这可好赚了吧？不然，我看过一篇报道说，无论应召女郎或牛郎，都要勉强自己去接一些奇奇怪怪的客人，有的还染病上身，更要受鸨母、保镖的剥削，这种钱也不好赚呐！

因此，真正好赚的钱就是有幸中爱心彩券，可是你有这种运气吗？

所以说，天下没有"好赚"的钱！

我之所以这么说，是要你认识到"钱难赚"的事实。那么当你工作遇到瓶颈时，才不会怨天尤人，对工作才能兢兢业业，才不会有侥幸之心，不会对钱抱着太大的期望，那么就不会有太深的挫折感了。同时也因为钱不好赚，所以每一分钱都要珍惜，花钱容易赚钱难哪！

那么要让"难赚"的钱"好赚"一些，应该如何呢7首先要有"钱难赚"的认识，这样无论是上班或投资创业，就会以较严肃的态度来面对。态度严肃，做事就不会草率轻忽，事情就容易做成功。

其次是要有坚实的专业能力。只懂皮毛的人可能赚皮毛钱和运气钱，真正要赚大钱，还得要有相当丰富的专业知识，若只得半瓶醋，谁会那么傻把钱送到你手上呢？

要有长期的规划，不要一人社会就想赚大钱，所谓"30岁前赚满1000万"的说法一般人是达不到的，而这种口号也是会害死年轻人的。赚钱要有长期规划是指不求一时赚大钱，而先求根基打稳，根基稳了，自然会有发展，钱自然就会进来。而打根基也不能求速成，可给自己3年、5年甚至10年的时间，时间越长，越不会有赚钱的压力，赚起钱来也越轻松！而事实上，真正赚钱的人都在40岁以后，只要你仔细观察即可明白。

先从"小钱"赚起。赚大钱不易，赚小钱不难，不要不屑于小钱，因为赚小钱也需要能耐，而这正是磨练赚钱能力的"基本功夫"。有位大企业家就曾说过："赚大钱先从小钱赚起，做大事先从小事做起。"像王永庆最早是卖米的，他哪是一开始就有台塑王国？赚小钱还有一个好处，就是积小成大，积少成多，时间久了，小钱也会变成大钱呐！

谁都想成为富翁，但除了继承遗产，否则钱都要一分一分地赚，如果你没有遗产可继承，那么，先死了当"富翁"这条心吧！

（李赫）

# 适合自己的鞋

**别再抱怨你的双脚，还是去选取一双适合自己的鞋吧！**

一个男孩子出生在布拉格一个贫穷的犹太人家里。他的性格十分内向、懦弱，没有一点男子气概，非常敏感多愁，老是觉得周围环境都在对他产生压迫和威胁。防范和躲灾的想法在他心中可谓根深蒂固，不可救药。

男孩的父亲竭力想把他培养成一个标准的男子汉，希望他具有风风火火。宁折不屈、刚毅勇敢的特征。

在父亲那粗暴、严厉且又很自负的斯巴达克似的培养下，他的性格不但没有变得刚烈勇敢，反而更加懦弱自卑，并从根本上丧失了狠心，致使生活中每一个细节、每一件小事，对他来说都是一个不大不小的灾难。他在困惑痛苦中长大，他整天都在察言观色，常独自躲在角落处悄悄咀嚼受到伤害的痛苦，小心翼翼地猜度着又会有什么样的伤害落到他的身上。看到他那个样子，简直就没出息到了极点。

看来，懦弱、内向的他，确实是一场人生的悲剧，即使想要改变也改变不了。因为他的父亲做过努力，已毫无希望。

然而，令人们始料未及的是，这个男孩后来成了20世纪上半叶世界上最伟大的文学家，他就是奥地利的卡夫卡。

卡夫卡为什么会成功呢？因为他找到了合适自己穿的鞋，他内向、懦弱、多愁善感的性格，正好适宜从事文学创作。在这个他为自己营造的艺术王国中，在这个精神家园里，他的懦弱、悲观、消极等弱点，反倒使他对世界、生活、人生、命运有了更尖锐、敏感、深刻的认识。他以自己在生活中受到的压抑、苦闷为题材，开创了一个文学史上全新的艺术流

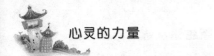
派——意识流。他在作品中，把荒诞的世界、扭曲的观念、变形的人格，解剖得更加淋漓尽致，从而给世界留下了《变形记》、《城堡》、《审判》等许多不朽的巨著。

是的，人的性格是与生俱来不可随意硬性逆转的，就像我们的双脚，脚的大小无法选择。

别再抱怨你的双脚，还是去选取一双适合自己的鞋吧！

（崔鹤同）

# 谁也不能拥有世界

世界是属于全人类的，每人只拥有其中很小很小的一部分，而且还要付出足够大的代价才能拥有。

儿子要一只瓶子，我没给。他就大哭，任何人都哄不乖。半个小时后，他的哭声停了，第一句话还是说："瓶子。"

我说："瓶子已经扔掉了。"他又大哭了。母亲站在一边说："他才两岁，再哄哄他吧。"

于是，我给他讲了许多谎言，譬如瓶子像水一样蒸发了，被我吃下去了等等。

儿子说。"瓶子，我要。"我所做的一切都白搭。

成熟与非成熟的界限据说是妥协，一个人什么时候知道有所放弃，他就长大了。

人之初，所有的欲望像野地里的草一样没遮没挡地生长，因为不知天高地厚，他们希望把天上的月亮也摘下来玩。

一个暴君的欲望远没有一个孩子那样强烈，每个孩子的欲望都会让任何暴君自惭形秽。

我们为什么教育孩子？很大程度上就是让孩子不要贪得无厌，但又要保持他们必要的虚荣和欲望。

我带孩子到街上玩，街上很热，儿子让我拦过往的车回家，我告诉他这是别人的车，爸爸不能拦。儿子看到快餐店的门口有他爱吃的小笼包，他伸手要拿，我说："这是别人的，如果要，只能用钱来买。"

我的外甥七岁那年拿了别人水果摊上的一颗杨梅，他的姐姐回家告诉了我姐。我姐打了他一顿，外甥哭道："我只是拿了一颗呀，而且半颗已经烂了的呀。"

我姐说："一颗也不行，除非你自己赚钱去买。"

现在，外甥对我说："我以后要赚很多钱，我想开一家水果店，想吃什么就吃什么。"

他仍然有欲望，但是这个欲望已经有了前提，需要十年，二十年，甚至更长的时间去实现。

我们对孩子所做的，有时候，就是想告诉孩子，这个世界并不全是我们的，我们只拥有其中很小很小的一部分，而且还要付出足够大的代价才能拥有。

（佚名）

# 有缺陷并不是一件坏事

许多时候，我们不是跌倒在自己的缺陷上，而是跌倒在自己的优势上，因为缺陷常能给我们以提醒，而优势常常使我们忘记去选择和放弃。

一天早上，三个旅行者同时出门，去往不同的目的地，一个旅行者带了一把伞，另一个旅行者拿了一根拐杖，第三个旅行者什么也没有拿。晚上归来，拿伞的旅行者淋得浑身是水，拿拐杖的旅行者跌得满身是伤，而第三个旅行者却安然无恙。于是，前面的旅行者很纳闷，问第三个旅行者："你怎会没有事呢？"

第三个旅行者没有回答，而是问拿伞的旅行者："你为什么会淋湿而没有摔伤呢？"

拿伞的旅行者说："当大雨来到的时候，我因为有了伞，就大胆地在雨中走，却不知怎么淋湿了：当我走在泥泞坎坷的路上时，我因为没有拐杖，所以走得非常小心，专拣平稳的地方走，所以没有摔伤。"

接着，他又问拿拐杖的旅行者："你为什么没有淋湿而摔伤了呢？"

拿拐杖的说："当大雨来临的时候，我因为没有带雨伞，便拣能躲雨的地方走，所以没有淋湿；当我走在泥泞坎坷的路上时，我便用拐杖拄着走，却不知为什么常常跌跤。"

第三个旅行者听后笑笑说："这就是为什么你们拿伞的淋湿了，拿拐杖的跌伤了，而我却安然无恙的原因。当大雨来时我躲着走，当路不好时我小心地走，所以我没有淋湿也没有跌伤。你们的失误就在于你们有凭借的优势，认为有了优势便少了忧患。"

（佚名）

# 抖落身上的泥土

　　走出绝境的秘诀是拼命抖落掉在身上的泥土，使之成为自己的台阶。

　　有一天，某个农夫的一头驴子不小心掉进了一口枯井里，农夫绞尽脑汁想办法救驴子，但几个小时过去了，驴子还在井里痛苦地哀嚎着。

　　最后，这位农夫决定放弃，他想这头驴子年纪大了，不值得大费周折去把它救出来，不过无论如何，这口井还是得填起来。于是农夫便请来左邻右舍帮忙一起将井中的驴子埋了，以免除它的痛苦。

　　农夫的邻居们人手一把铲子，开始将泥土铲进枯井中。当这头驴子了解到自己的处境时，刚开始哭得很凄惨。但出人意料的是，一会儿之后，这头驴子就安静下来了。农夫好奇地探头往井底一看，出现在眼前的景象令他大吃一惊：当铲进井里的泥土落在驴子的背部时，驴子的反应令人称奇——它将泥土抖落在一旁，然后站到铲进的泥土堆上面！

　　就这样，驴子将大家铲到它身上的泥土全抖落在井底，然后再站上去。很快地，这只驴子便得意地上升到井口，然后在众人惊讶的表情中快步地跑开了！

（佚名）

# 请帮我打个电话

　　我们随时可以开口说话，也可以写信，写 Email，现在又有了 QQ，想要联络真是随手拈来，可是为什么，提包里的电话联络本上可联系的电话越来越少？

　　傍晚时分，菜炒到一半，没盐了，停下来到楼下的食杂店去买。店主老刘见我来了，松了口气似的说我来得正好。他简单交代，站在边上边上的女孩是哑巴，想叫我帮着打公用电话，而他要照料生意。我才发现柜台边上站着一个清秀的女孩，眼里满是期待。

　　我接过笔写道，好吧，你写我说。她感激地对我笑笑，开始写上她要说的话。我则开始拨号，接电话的是个男人，我愣了一下，女孩找的明明是个女孩。对方解释说，他也是帮着接电话的，他那边的也是个哑巴女孩。于是，我们这两个不相干的人充当了传话筒，在两边喊来喊去。她说，她想念一起去吃米粉的时候。她说，她帮她织了一条围巾，要寄过去。她说，要很长时间才能回去，请帮她多看看父母。她说，收到了寄来的相片，胖了点呢。电话通了近十分钟，太慢，因为一边说一边写费时不少。在等她写话的时候，我看她认真的模样，只是忽然间，为我们四人的默契一阵感动，我从来没有遇到这样的事。打完电话，女孩露出快乐的笑容，写给我看，那头是她最好的朋友，约好这个时间打电话，这样坚持了好多年。最后她写给我的两个字是"谢谢"，还画上了一个小小的心，她撕下小纸片放到我手里，然后付钱离开了，很快消失在黄昏的街道上。

　　我拿着一包盐和那张小纸片回家，一路在想，我们随时可以开口说话，也可以写信，写 Email，现在又有了 QQ，想要联络真是随手拈来，可是为什么，提包里的电话联络本上可联系的电话越来越少？那个女孩虽不能开口说话，可仍然坚持通过别人的传话告诉对方，我在惦念着你。友情同样需要一份用心的经营，她们是人群中一对幸福的朋友，而我无意中分享到了这份幸福。

（佚名）

# 半碗粥之爱

如果我只有一碗粥，我会把一半给我的母亲，另一半给你。

一个男孩对一个女孩说："如果我只有一碗粥，我会把一半给我的母亲，另一半给你。"小女孩喜欢上了小男孩。那一年他 12 岁，她 10 岁。

过了 10 年，他们村子被洪水淹没了，他不停地救人，有老人，有孩子，有认识的，有不认识的。惟独没有亲自去救她。当她被别人救出后，有人问他："你既然喜欢她，为什么不救她？"他轻轻地说："她让我先救别人。我爱她，我听她的。她死了，我也不会独活。"他们在那一年结了婚。那一年他 22 岁，她 20 岁。

后来，全国闹饥荒，他们同样穷得揭不开锅，最后只剩下一点点面了，做了一碗汤面。他舍不得吃，让她吃，她舍不得吃，让他吃。三天后，那碗汤面发霉了，当时他 42，她 40 岁。

因为祖父曾是地主，他受到批斗。在那段岁月里，"组织上"让她"划清界限、分清是非。她说："我不知道谁是人民内部的敌人，但是我知道，他是好人，他爱我，我也爱他，这就足够了！"于是，她陪着他挨批、挂牌游行。夫妻二人在苦难的岁月里接受了相同的命运。那一年，他 52 岁，她 50 岁。

许多年过去了，他和她为了锻炼身体一直学习气功。这时他们调到了城里，每天早上乘公共汽车去市中心的公园，当一个青年人给他们让座时，他们都不愿坐下而让对方站着。于是两人靠在一起，手里抓着扶手，脸上都带着满足的微笑。那一年，他 72 岁，她 70 岁。

她说："10 年后，如果我们都已死了，我一定变成他，他一定变成我，然后他再来喝我留给他的半碗粥！"70 岁的风尘岁月，这就是爱情。

（张小羽）

# 二十朵丁香花

　　　　母亲就如那苦苦的树，而她就是树上最香的花。最苦的树
开最香的花，像极了眷眷的亲情，而那花香悠远绵长，浸透了
整个的生命。

　　从她记事起，就已经有了门前的那几棵丁香树了。每到春天，艳艳地开
满了粉红的花，空气中流动着淡淡的清香。她从小就喜欢丁香，常常在一簇
簇的花丛中寻找有五个花瓣的花朵，传说五瓣丁香能给人带来幸福和好运。

　　是的，她是那样的幸福，她一直深信那是门前的丁香花的福荫，因为五
瓣丁香极少见，而她却总能在花开的时候找到几朵。父母对她宠爱而不溺爱，
而家庭条件也是很优越，她因此比别的孩子更独立更快乐。在这样的氛围之
中，她走过童年，走过少年，走进了大学的门槛。去外地上大学，父母只有
一个要求，很郑重地提出来，寒暑假可以不回来，但丁香花开的时候一定要
请假回来住几天，不管多么忙。她虽然有些不解，可还是答应了，而且，她
也喜欢那些花，毕竟陪伴着自己一起长大，有一种难以割舍的情感。

　　上大学的第一个春天，母亲给她打电话，告诉她门前的花已开了。于是，
她坐了一天的火车，回来看那些花。未到家门，花香便已弥漫过来，而那些
花，映得她心里暖暖的。她知道，其中一定有几朵五瓣的花在等着她去采摘，
那是她幸福的使者。而父母，就站在门前对着她微笑，从小到大，每次从外
边回来，都是如此。

　　在家里住了几天，她便返校了，带着一种依依的心情。她没有问父母这
一切的原因。

　　第二年，她依然在春天回来。花依旧，而心情却有了浅浅的感伤。因为

她无意间发现了一张她小时候的照片，可能还是未满月时照的吧。而抱着她的，是一个陌生的女人。她问母亲那人是谁，母亲说是一个远房的亲戚，而她却清楚地看见了母亲一瞬间的惊慌。她便忽然想，自己该不是父母亲生的吧？照片中的那个女人，也许就是自己的亲生母亲，要不那眉眼怎么竟和自己如此相像，而那眼神中怎么有着如此多的不舍与忧伤？带着疑惑，她离开家门回到学校，这是第一次离开家门时脸上没有笑容。

不久，母亲给她打来电话，告诉她，她的确是他们抱养的。那一瞬间，20 年来从没有忧愁的她，眼中蓄满了泪水。母亲又说，那几棵丁香树，是她的亲生母亲栽下的，在她出生后不久。她忽然明白，为什么自己那样地喜欢丁香花，因为它传递着一种血浓于水的亲情，从生她的那个女人手上，把美丽与哀愁传递到她的眼里，她的心上。她像无数个被抱养的孩子一样，在心底喊着为什么，为什么生我而不养我？虽然她的生活是如此的幸福，而现在回头望去，那幸福竟是如此的飘忽，终是遮不住命运的伤痕。

她记起了照片上的那个女人，那个给了她生命的人。她再次回到家，对父母说，我不需要你们告诉我事情的经过，我只想问你们她的地址。父母无言，在纸上写了一个地址，交给她，看着她出了家门。在满树的花旁，她回过头来，说，我会回来的。

坐了一天一夜的火车，她辗转来到了那个小城，找到了那个低矮的土房，在城市的边缘。叩响那扇门，当脚步声传出来时，她的心跳得竟是如此剧烈。门开了，一个白发的老人看见她，惊得说不出话来。她的心一痛，亲生的母亲应该不到五十岁，怎么就白了头发？可她的眼神中的不舍与忧伤和照片中一样，几十年都没有变，这就是母亲了，这就是母亲了，她在心底默默地念着。这时，眼前老人叫出了她的名字，喃喃地问，你怎么来了，你怎么来了？她默默地凝视了这个应该叫母亲的人一会儿，只是问，为什么？母亲无语，带她进了屋，家徒四壁，贫寒无比。母亲只说了一句，这样的家庭，给不了你好的生活和未来。她说，可是，却可以给我亲情，给我真正的妈妈。母亲摇头，也许可以给你一个妈妈，却不是一个好妈妈，而且，我给不了你应该叫爸爸的那个人。

母亲从床底拿出一个锈迹斑斑的铁盒子，打开，里面全是枯萎的丁香花，一共有 20 朵。母亲说，每一年我都去看你，都要摘一朵花回来。每一年我都能看见你很快乐的生活和成长，看见他们对你的爱与呵护。他们是你的真正父母，他们给了你很温暖的亲情，你不要有什么遗憾。我是一个对生活死了心的人，我也上过大学，明白许多道理，可即便是我的亲生女儿，也不能让我重新对生活充满热情。原以为把你送走，我便可以无牵无挂地离开这个世界，可是没有了你，才觉得你才是这个世界真正让我挂念的人。我想看着你长大，看着你走进幸福的生活，便这样把日子撑过来了。只是没想到，你终于知道了，看来我不该在你的生命里留下许多印记，包括你的满月照。

白发，泪眼，她的心忽然疼了起来。她在记忆里努力搜寻着，可那个在门外花前满眼泪水与哀愁的老人，怎么就一点印象也没有呢？母亲该是一个充满才气充满热情的人啊，可如今只剩下了孤苦与无依。是什么，让母亲失去了如花的笑脸？是什么，让母亲如此的心伤？她已无需去问，也更无需去问为什么了。在母亲支离破碎的生活中，她是母亲伤口中流出的血，时时让母亲疼痛，在疼痛中继续着无望的生活。看着那 20 朵枯萎的花，明白了养父母为什么要她年年回来看花开，心渐渐地丰盈起来。终于，她叫了一声妈，拥住了白发的母亲，一如拥着 20 年的生命中所有的爱与牵挂。

她知道，她的生命真的比别人更富有，有那么多的爱包围着她。无论以后走出多远，她都要回去看门前的丁香花，还有门内的三位老人。那些美丽的花，真的是年年绽放着幸福。丁香的叶子很苦，而花朵却是那样香甜。母亲就如那苦苦的树，而她就是树上最香的花。最苦的树开最香的花，像极了眷眷的亲情，而那花香悠远绵长，浸透了整个的生命。

（佚名）

# 哥哥的心愿

　　人要学会付出。付出真诚的心和爱，才会使你的生活变得更有意义。在这个拥挤不堪的世界里，能够多付出一点爱和宽容的人，就会找到一片广阔的天地。

　　我有个朋友叫保罗，他的哥哥送给他一辆车作为圣诞礼物。圣诞节前夜，保罗下班走出办公室，看见一个淘气的小男孩绕着他那辆崭新的车欣赏着，不时地发出赞叹声。"这是您的车吗，先生？"他问道。保罗点了点头，说："这是我哥哥送给我的圣诞礼物。"男孩很吃惊，激动得有些语无伦次："您是说这是你哥哥送的，您没花一分钱？噢，我真希望……"

　　保罗当然知道男孩希望什么，无非希望他也有这样一位哥哥。但是，小男孩接下来的话却完全出乎他的意料。"我希望，"男孩继续说道，"我也成为那样的哥哥，可以送车给弟弟。"保罗吃惊地看着男孩，随口问道："你想坐我的车去兜兜风吗？""哦，当然想了，我太高兴了。"车开了一会儿后，那孩子转过头来，用炽热的眼神望着保罗说："先生，您能把车子开到我家门口吗？"

　　保罗微笑着，他以为自己知道小男孩想干什么，一定是想向邻居炫耀一番，让大家看到他坐着一辆气派的轿车回家。但这次他又想错了。"您把车子停在那两个台阶前好吗？"男孩问。男孩跑上台阶，不一会儿，保罗听到他回来的声音，但动作似乎较先前慢了好多。原来他领着他跛脚的弟弟来了，他将弟弟安置在第一个台阶上。然后靠紧他坐下，用手指着那辆新车。

　　"就是它，弟弟，这就是我刚刚在楼上和你说的那辆新车。是保罗的哥哥送给他的圣诞礼物，他没花一分钱哦。总有一天，我会送你这样一辆车，那样，到了圣诞节，你就可以自己去看商店橱窗里那些漂亮的饰品了，就像我以前告诉你的那些一样。"保罗下了车，把跛脚男孩抱到前座。哥哥兴奋的眼睛闪着奇异的光芒。他也爬上车子，坐到弟弟身边。就这样，三人开始了令人难忘的假日之旅。那个圣诞夜，保罗才真正领悟耶稣讲过的道理"施予比索取更幸福……"

（佚名）

# 无限的潜能

> 要知道决心的力量，在每次遇到困难的时候，要激发出生命的
> 无限潜能，勇敢地面对各种挫折。

一次因为战乱而产生的逃难人潮当中，有一位身体虚弱的母亲，带着她只有3岁的小孩一起逃难。

难民们靠着步行，缓慢地向前边境移动。酷热的太阳，恶毒地在每一个难民的头上肆虐，难民们拖着蹒跚的步伐，一步一步向前走，不知道自己在什么时候会倒下身亡。

走了几天之后，那位虚弱的妈妈，无论在身体或心灵上，都觉得自己再也熬不下去了，但她要在自己倒下之前，给孩子找一个归宿。于是，她抱着她的小孩，找到了难民潮当中的一位神父。

这位可怜而悲伤的母亲，苦苦地哀求神父帮她照顾她的小孩，因为她深深地知道自己绝对无法撑到边境。

神父看着这位可怜的母亲，由于他略懂医理，简单地检查了这位妈妈的身体状况，发现她的体力尚可，只是自己心理上已经承受不住了，便断然地拒绝了这位妈妈。

神父冷漠地说："你自己的孩子，当然要由你自己负责，你这样放弃自己、放弃孩子是不人道和不负责任的！"

虚弱的母亲，听到神父这番话，很绝望，同时心中也油然地生出一股强烈的愤怒，转身抱着自己的孩子，悻悻然地回到难民的队伍当中。

日子一天一天过去，母亲带着孩子艰难地前进着，终于到了边境，通过国际红十字会的照顾，在难民营中，孩子和母亲有了一个最起码的安身之处，

虚弱的母亲也得到了国际红十字会的治疗。

这时候，神父又来探望那位身体已经恢复健康的母亲。

神父慈祥地看着她，欣慰地说："还好我没有接下你托孤的任务，今天才能看到你们母子都平安，我知道因为母爱，你的身上还有无限的潜能……"

母亲感激地看着神父，又看看孩子，笑了。

（佚名）

# 疯狂的决定

生活就是在不断的尝试中向前迈进的。当你做自己想做的事情时，不要退缩，相信自己，这样终将攀上人生的顶峰。

麦克·泰尔，原本只是个平凡的上班族，就在 37 岁那一年，胆小怕事的他做了一项疯狂的决定。

他放弃了收入丰厚的记者工作，并将身上所有的钱财捐给街角的流浪汉后，只带了干净的内衣裤，从阳光明媚的加州出发，以搭便车的方式走遍了整个美国，而这趟旅程的目的地，则是美国东岸北卡罗莱纳州的恐怖角。

然而，这个决定缘起于某个午后，他回想自己过去 30 年经历的一切，哭了起来，他问了自己一个问题："如果有人通知我，今天就要死了，我会不会后悔？"

停顿了一会儿，英泰尔肯定地说："会！"

面对一直以来过得平平稳稳的日子，他发现，生活中从来没有激起过一丁点儿火花，甚至连一场小赌注都玩不起。在过去的 30 多年中，他发现因为个性懦弱，很多时候有机会做自己想做的事，却因为"害怕"两个字，而一再退缩。

他不断地回想、反省，他懊恼地对自己说："什么都怕，活着能干什么？什

221

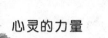 

么都听别人的，永远没有自己的想法和主见，活着有什么意义？"

当他强烈质疑着自己的存在价值时，忽然鼓起勇气下定决心："我一定要突破这一切！"

一个什么事都担心、害怕的人，要独自来到传说中的恐怖角，确实需要很大的勇气与决心。当亲友们听到他这个疯狂的决定时，无不担心地说："你确定自己行吗？这一路你恐怕会遇到各种麻烦，你一定很快就会退缩。"

"不会的！"英泰尔对亲友们说，也向自己保证。

凭着一个冲动的决心和一份坚强的毅力，从来没有独立完成过一件事的英泰尔，真的成功了，他仰赖了82位从小到大最害怕面对的陌生人，完成了4000多英里的路程，终于抵达了目的地。

一毛钱也没有花的英泰尔，在成功抵达目的地时，立即对着那些等待他的人们说："我不是要证明金钱无用，这项挑战最重要的意义是，我终于克服了心理的恐惧！"

望着"恐怖角"的路标，英泰尔若有所悟地说："原来恐怖角一点儿也不恐怖，这就像我的恐惧一样，现在我终于明白了，过去实在太胆小怕事了。"

后来英泰尔根据自己的旅行经历，写了一部《不带钱去旅行》，从此举世闻名，全世界的人都知道了他这次非同寻常的突破自己之旅。

（佚名）

# 岔路口

做事先做人，而做人莫过于诚实。只有诚实的人，才能得到众人的信任，也才能在事业上有所作为。

　　一个士兵，非常不善于长跑，在一次部队的越野赛中很快就远落人后，一个人孤零零地跑着。转过了几道弯，遇到了一个岔路口，一条路标明是军官跑的，另一条路标明是士兵跑的小径。
军官的那条路明显比士兵的那条路要短了许多，能占到很多便宜。他停顿了一下，对做军官连越野赛都有便宜可占感到不满，但他仍然朝着士兵的小径跑去。

　　没想到过了半个小时后到达终点，却是名列第一。他感到不可思议，自己从来没有取得过名次不说，连前50名也没有跑过。但是，主持赛跑的军官笑着恭喜他取得了比赛的胜利。

　　过了几个钟头后，大批人马到了，他们跑得筋疲力尽，看见他赢得了胜利，也觉得奇怪。原来"军官道"的距离非常长，而"士兵路"却很短。大家都醒悟过来了，在岔路口诚实守信，是多么重要。

（佚名）